ISSN 0021-1915

17. JAHRGANG · SEITEN 349—376 · BERLIN OKTOBER 1981

IPRAX 17 17 (10) 349—376 (1981)

32036

10

isotopenpraxis

THEORIA CUM PRAXI

EVP 9,— M

AKADEMIE-VERLAG

An unsere Autoren

Die Zeitschrift veröffentlicht Beiträge zu folgenden Themen: Kontrolle und Analyse radioaktiver und stabiler Isotope, Anwendung radioaktiver und stabiler Isotope in allen Gebieten der Forschung und Technik, der Industrie, Landwirtschaft und Medizin, Herstellung radioaktiver und stabiler Isotope sowie von markierten Verbindungen, kernelektronische Geräte für die Isotopenanwendung (Dickenmesser, Dichtemesser u. ä.) Detektoren für isotopentechnische Arbeiten und den Strahlenschutz in Isotopenlaboratorien, Meßtechnik und Strahlenschutz, Dosimetrie in Isotopenlaboratorien, kerntechnische Geräte für die Isotopenanwendung (Beton, Bestrahlungsanlagen u. ä.), Strahlenchemie, Radiochemie, ökonomische und perspektivische Fragen, Fragen der Weiterbildung.

1. Aufnahme von Manuskripten

Zur Veröffentlichung angenommen werden nur durchreife, noch nicht anderweitig publizierte Beiträge in deutscher, englischer oder russischer Sprache zum Themenbereich der Zeitschrift und zwar

Originalarbeiten
Kurze Originalmitteilungen
Aus der Praxis
Zusammenfassende Berichte
Tagungsberichte
Informationen.

Sind der Beitrag oder Teile daraus bereits veröffentlicht oder ist eine anderweitige Veröffentlichung vorgesehen, so muß dies der Redaktion mit genauer Angabe der Zweitveröffentlichung mitgeteilt werden. Mit der Annahme des Manuskriptes behält sich der Verlag das Recht der Vervielfältigung, Verbreitung und Übersetzung innerhalb der gesetzlichen Schutzfrist vor. Auszugsweiser Nachdruck oder photomechanische u. a. Wiedergabe sind an eine schriftliche Genehmigung des Verlages gebunden. Manuskripte, Zeichnungen und Photos von veröffentlichten Arbeiten werden nur auf den besonderen und bis zum Zeitpunkt der Veröffentlichung mitgeteilten Wunsch des Autors zurückgesandt.
Bei der unverlangten Einreichung von Manuskripten wird empfohlen, eine Befürwortung eines der Herausgeber oder Redaktionsausschußmitglieder beizufügen.
Manuskripte sind einzureichen bei der Redaktion, DDR-1080 Berlin, Leipziger Str. 3—4.

2. Form der Manuskripte

Die Autoren werden gebeten:
2 Manuskripte, eines davon in Original-Maschinenschrift, einseitig und mit 2zeiligem Abstand einzureichen; gut leserliche Photokopien sind zulässig; auf dem 1. Blatt (unter Weglassung der Bezeichnung)

den Titel der Arbeit
Vorname-Initialen und Namen sämtlicher Autoren
gegebenenfalls die Institution, in der sie tätig sind
eine kurze Zusammenfassung der Arbeit von höchstens 15 Zeilen
Keywords in alphabetischer Reihenfolge und
als Fußnote die Anschrift der Institution anzugeben;

wenn möglich auf gesonderten Blättern Namen, Titel der Arbeit und Zusammenfassung in den beiden anderen obengenannten Sprachen 2fach beizufügen:
Literaturhinweise (fortlaufend numeriert), Fußnoten, Tabellen, Abbildungen (in etwa 2facher Veröffentlichungsgröße), Abbildungsunterschriften (getrennt von den Abbildungen, mit Zeichenerklärungen, Quellenangaben, falls erforderlich, und gegebenenfalls mit einem Vermerk für besondere Wünsche bezüglich der Abbildungsgröße), private und Dienstanschrift der Verfasser mit akademischen Titeln und ausgeschriebenen Vornamen auf besonderen Blättern ans Ende des Manuskriptes zu stellen;
Wünsche für den Kolumnentitel (Seitenüberschrift) bekanntzugeben;
Absätze durch Einzüge von mindestens 3 Anschlägen kenntlich zu machen;
die Maßeinheiten des SI-Systems ("Systéme International") zu verwenden;
Korrekturen im Manuskript unmittelbar an der zu korrigierenden Stelle anzubringen;
Formeln deutlich lesbar und möglichst groß einzutragen;
Farbabbildungen und nachträgliche Änderungen oder Ergänzungen in Abbildungen zu vermeiden;
hervorzuhebende Textstellen zu unterstreichen, und zwar halbfetten Satz mit einer geraden schwarzen Linie, kursiven Satz (Schrägschrift) mit einer blauen Wellenlinie (alle Eigennamen). Sperrungen gestrichelt;
besondere Buchstaben durch farbige Unterstreichung zu kennzeichnen, und zwar Formelzeichen in

Griechisch-Kursiv ($\alpha, \beta, \ldots$) rot,
Kursiv ($A, B, \ldots$) blau
halbfetter Kursiv ($\boldsymbol{A}, \boldsymbol{B}, \ldots$) 2 Linien blau (Vektoren),
halbfetter Grotesk (**A**, **B**, ...) 2 Linien violett (Tensoren);

bei Literaturangaben auf Vollständigkeit zu achten. In nachstehender Reihenfolge müssen angegeben sein:

a) bei *Zeitschriften*: Vorname-Initialen und Namen sämtlicher Autoren, Titel der Zeitschrift (nach „Periodica Chimica" oder möglichst wenig gekürzt), Bandnummer (unterstrichen), Jahreszahl (in Klammern), Heftnummer (nur bei Zeitschriften, die jedes Heft mit S. 1 beginnen) sowie die Seitenzahl, auf der die zitierte Arbeit beginnt.

b) bei *Büchern*: Initialen der Vornamen und Name des Autors (Herausgeber werden durch den Zusatz „ed." gekennzeichnet), voll ausgeschriebener Titel des Buches in der Originalsprache, evtl. Bandnummer, voll ausgeschriebener Name des Verlages, Nummer der Auflage (außer der ersten), Erscheinungsort(e), Erscheinungsjahr (hier nicht in Klammern setzen!) und evtl. Kapitelnummer, Seitenzahl u. ä.

c) bei *Sammelbänden, Tagungsberichten*: Es soll zusätzlich der Titel des zitierten Beitrags angegeben werden. Die Seitenzahl muß unbedingt angegeben werden. Aus dem Zitat muß hervorgehen, ob es sich um einen Tagungssammelband oder um einen noch nicht veröffentlichten Vortrag handelt. Zwischen Tagungsort und Erscheinungsort des entsprechenden Tagungsberichts ist zu unterscheiden.

3. Korrekturen

Der Autor erhält zwei Umbruchabzüge, von denen einer möglichst schnell korrigiert an die Redaktion zurückgereicht werden soll. Auf Wunsch des Autors kann die Korrektur auch von der Redaktion gelesen werden.

Durch nachträgliche Manuskriptänderungen verursachte Korrekturkosten gehen, sofern sie 10% der Satzkosten übersteigen zu Lasten des Autors.

Der Autor erhält 50 Sonderdrucke kostenlos Weitere Sonderdrucke können bis zur Rückgabe der Korrekturabzüge auf Kosten des Autors bei der Redaktion bestellt werden.

Bezugsmöglichkeiten

Bestellungen sind zu richten

— in der DDR an den Postzeitungsvertrieb unter Angabe der Kundennummer des Bestellenden oder an den AKADEMIE-VERLAG, DDR-1080 Berlin, Leipziger Straße 3—4
— im sozialistischen Ausland an eine Buchhandlung für fremdsprachige Literatur oder an den zuständigen Postzeitungsvertrieb
— in der BRD und Berlin(West) an eine Buchhandlung oder an die Auslieferungsstelle KUNST UND WISSEN, Erich Bieber OHG, D-7000 Stuttgart 1, Wilhelmstraße 4—6
— in den übrigen westeuropäischen Ländern an eine Buchhandlung oder an die Auslieferungsstelle KUNST UND WISSEN, Erich Bieber GmbH, CH-8008 Zürich/Schweiz, Dufourstraße 51
— im übrigen Ausland an den Internationalen Buch- und Zeitschriftenhandel; den Buchexport, Volkseigener Außenhandelsbetrieb der Deutschen Demokratischen Republik, DDR-7010 Leipzig, Postfach 160; oder an den AKADEMIE-VERLAG, DDR-1080 Berlin, Leipziger Straße 3—4

Zeitschrift „Isotopenpraxis"

Herausgeber: Im Auftrag des Akademie-Verlages herausgegeben von Prof. Dr. Justus Mühlenpfordt und Prof. Dr. Carl Friedrich Weiss
Verlag: Akademie-Verlag, DDR-1080 Berlin, Leipziger Straße 3—4; Fernruf: 2236221 oder 2236229; Telex-Nr.: 114420;
Bank: Staatsbank der DDR, Berlin, Kto.-Nr.: 6836-26-20712
Chefredakteur: Dr. Klaus Uhlig, Berlin
Anschrift der Redaktion (Fernruf: 6351177) der Zeitschrift Isotopenpraxis: Akademie-Verlag, DDR-1080 Berlin, Leipziger Str. 3—4
Veröffentlicht unter der Lizenznummer 1527 des Presseamtes beim Vorsitzenden des Ministerrates der Deutschen Demokratischen Republik
Gesamtherstellung: VEB Druckerei „Thomas Müntzer", DDR-5820 Bad Langensalza
Erscheinungsweise: Die Zeitschrift „Isotopenpraxis" erscheint monatlich. Die 12 Hefte eines Jahrganges bilden einen Band. Bezugspreis je Band 180,— M zuzüglich Versandspesen (Preis für die DDR 108,— M) Preis je Heft 15,— (Preis für die DDR 9,— M)
Bestellnummer dieses Heftes: 1079/17/10

AN (EDV) 12831

ISOTOPENPRAXIS ISSN 0021-1915

Band 17 (1981) Heft 10, S. 349—376

Redaktion und Verlag: Akademie-Verlag, Redaktion Isotopenpraxis, 1080 Berlin, Leipziger Straße 3—4

Inhaltsverzeichnis

ISOTOPENPRAXIS

Band 17 (1981) Heft 10, S. 349–376

Redaktion und Verlag: Akademie-Verlag, Redaktion Isotopenpraxis, 1080 Berlin, Leipziger Straße 3–4

Contents

Articles

W. Dietzsch

Instruments Made by VEB Robotron-Meßelektronik „Otto Schoen", of Dresden, for Operational Measurement through Radionuclides

Isotopenpraxis **17** (1981) No. 10, p. 349 to 356
10 Fig., 4 Tab., 4 Ref.

At present, the radiation of radioactive nuclides is with high economic output being applied in operational measurement. VEB Robotron-Meßelektronik „Otto Schoen", of Dresden, has a many-year tradition in developing, designing and manufacturing such instruments for operational measurement. Proved and advanced measuring systems of this firm, suitable for thickness and level metering as well as for material analyses, are presented together with typical uses.

W. Gruner

Extraction Scintillator Solutions for the Determination of Actinides

Isotopenpraxis **17** (1981) No. 10, p. 356 to 360
9 Fig., – Tab., 21 Ref.

The application of α-LSC technique for the analysis of plutonium, uranium and thorium is examined. Commercial water-soluble scintillation cocktails as well as LSC-cocktails with extractants (ELS) were used. Experimental influences, such as volume of water phase or additions of quenching agents, are tested. For Pu, U and Th the extraction time and the efficiency were determined. Examples for the application, such as selective determination of nuclides side by side, or the improvement of peak-to-background relation, are discussed.

W. Przybytniak, Z. Bazaniak, J. Piskorz, G. Strzelczak

Investigation on Gas Phase Flow with Radioactive Tracer Method (*in English*)

Isotopenpraxis **17** (1981) No. 10, p. 361 to 363
2 Fig., 1 Tab., 15 Ref.

In order to define the dynamic characteristics of gas flow in the model investigations it has been suggested to use the isotope method for which ^{79}Kr is used as a tracer. For the determination of the model parameters it is a good practice to use a simple diffusion model, the characteristics of which is determined by the method of the weighted moments. Such model displays well the dynamics of gas flowing through the bed; it permits, at the same time, to describe quantitatively the mixing process and the flow rate.

V. Machán, M. Kalinčák, Š. Vilček

Sublimation Technetium Generator from PbO + MoO_3 Eutectic Mixture (*in English*)

Isotopenpraxis **17** (1981) No. 10, p. 364 to 366
4 Fig., 1 Tab., 4 Ref.

The paper deals with the development of the technetium sublimation generator based on PbO + MoO_3 eutectic mixture to be used directly in centres of nuclear medicine. The generator offers approximately 5500 MBq ^{99m}Tc on first exploitation day. The ^{99m}Tc yield is about 65 %. The separation lasts 60 minutes at 680 °C temperature, Technetium is obtained in the form of sodium pertechnetate in saline. The generator allows radioactivity of ^{99}Mo of low specific activity to be processed.

Содержание

Статьи

В. Дитш

Приборы для производственного измерения с помощью радионуклидов, изготовленные заводом НП Роботрон-Мессэлектроник им. „Отто Шень" в г. Дрездень

Isotopenpraxis **17** (1981) вып. 10, стр. 349 до 356
10 рис., 4 табл., 4 лит.

В настоящее время, излучение радиоактивных нуклидов с высокой экономической пользой применяется в производственной измерительной технике. Завод НП Роботрон-Мессэлектроник им. „Отто Шень" в г. Дрездень имеет долголетнюю традицию в отношении разработки и производства таких приборов для производственного измерения. Представляются оправдавшиеся и совершенствованные приборы для измерения веса на единицу площади и уровня, а также для анализа материалов, вместе с типичными областями применения.

В. Грунер

Экстракционно-сцинтилляторные растворы для обнаружения актинидов

Isotopenpraxis **17** (1981) вып. 10, стр. 356 до 360
9 рис., – табл., 21 лит.

Исследовались возможности применения техники счета α-частиц в жидких сцинтилляторах (LSC) для определения плутония, урана и тория. Применялись обычные водорастворимые смеси сцинтилляторов, а также смеси сцинтилляторов с добавлением экстракционных веществ. Исследовались влияние объема жидкой фазы и гасящих примесей на процесс измерения и на энергетическое разрешение. Для плутония, урана и тория определились скорость и эффективность экстракции. Обсуждаются примеры применения, как селективное определение нуклидов из смеси нуклидов, и возможности улучшения отношения пик/фон.

В. Пшыбытняк, Ц. Базаняк, И. Пискорц, Г. Щельчак

Исследование потока газа с помощью радиоактивных индикаторов (*на англ. языке*)

Isotopenpraxis **17** (1981) вып. 10, стр. 361 до 363
2 рис., 1 табл., 15 лит.

В связи с определением динамической характеристики потока газа для модельных исследований было предложено применять индикаторные методы с использованием ^{79}Kr. Оказалось выгодным использование для определения модельных параметров простой диффузионной модели, характеристика которой определяется с помощью момента инерции масс.
Такая модель хорошо характеризует динамику потока газа, и одновременно позволяет выполнить количественное описание как процесса перемешивания, так и скорости течения.

В. Махань, М. Калинчак, В. Вилчек

Сублимационный технециевый генератор на основе эвтектической смеси PbO + MoO_3 (*на англ. языке*)

Isotopenpraxis **17** (1981) вып. 10, стр. 364 до 366
4 рис., 1 табл., 4 лит.

В работе приведено развитие сублимационного технециевого генератора на основе эвтектической смеси PbO + MoO_3 для использования прямо в учреждениях нуклеарной медицины. Генератор дает в первый день работы около 5.500 MBq ^{99m}Tc. Выход ^{99m}Tc приблизительно 65 %-ный. Отделение происходит в течение 60 минут при температуре 680 °C. Технеций получается во форме Na_2TcO_4 во физиологическом растворе. Генератор дает возможность обрабатывать ^{99}Mo с низкой специфической активностью.

Geräte des VEB Robotron-Meßelektronik „Otto Schön" Dresden für die Betriebsmeßtechnik mit Radionukliden

W. Dietzsch

VEB Robotron-Meßelektronik „Otto Schön" Dresden)[1])

Die Strahlung radioaktiver Nuklide wird gegenwärtig mit hohem ökonomischen Nutzen in der Betriebsmeßtechnik angewendet. Der VEB Robotron-Meßelektronik „Otto Schön" Dresden hat eine langjährige Tradition bei der Entwicklung, Produktion und Projektierung solcher Betriebsmeßgeräte. Es werden bewährte und weiterentwickelte Meßeinrichtungen dieses Betriebes zur Flächenmassemessung, Füllstandsmessung und Stoffanalyse vorgestellt und typische Anwendungsbeispiele genannt.

Keywords

industry; isotope applications; level indicators; material analysis; radiometric gages; thickness gages

Die Anwendung der Strahlung radioaktiver Nuklide ist heute in vielen Zweigen der Wissenschaft und Technik zu einer Selbstverständlichkeit geworden, Dabei werden unterschiedliche physikalische Effekte verwendet. Neben der Energieerzeugung in Kernkraftwerken und Atombatterien, der Bestrahlung von Materialien und Lebensmitteln, der Defektoskopie im Maschinenbau und Bauwesen, der Nuklearmedizin und der Untersuchung technologischer Vorgänge mittels Radiotracern wird die Strahlung der radioaktiven Nuklide mit großem Erfolg in der Meßtechnik eingesetzt [1, 2]. Eine besondere Rolle spielt dabei die Anwendung radiometrischer Meßverfahren für die Betriebsmeßtechnik, da der erzielbare wirtschaftliche Nutzen zumeist schon in kurzer Zeit die Anschaffungskosten der Meßeinrichtungen übertrifft.

[1]) Anschrift: 0812 Dresden, Postschließfach 211

Der VEB Robotron-Meßelektronik „Otto Schön" Dresden gehört zu den Betrieben, die eine gute Tradition in der Forschung und Entwicklung, der Produktion, der Projektierung und der Anwendung von Betriebsmeßgeräten und -einrichtungen mit Radionukliden haben.

Im folgenden werden bewährte und weiterentwickelte Meßeinrichtungen dieses Arbeitsgebietes vorgestellt und typische Anwendungsbeispiele genannt.

Die Anwendung gebräuchlicher Meßverfahren unter Ausnutzung der Strahlung radioaktiver Nuklide ist in Tab. 1 dargestellt. Die unterschiedlichen Meßgrößen werden mit verschiedenen Strahlungsquellen und Geräten ermittelt. In Abhängigkeit von den physikalischen Eigenschaften der Strahlungsarten haben sich bestimmte Meßverfahren in der Betriebsmeßtechnik durchgesetzt. Am häufigsten wird das Durchstrahlungsverfahren angewendet. Die erforderlichen Meßeinrichtungen sind den physikalischen Eigenschaften einerseits und den Erfordernissen des Meßortes und der Meßaufgabe andererseits angepaßt.

Tab. 1. Anwendung gebräuchlicher Meßverfahren unter Ausnutzung der Strahlung radioaktiver Nuklide

Meßgröße Meßaufgabe	übliche Maßeinheit	radiometrische Meßverfahren				
		Beta- oder Gamma-Durchstrahlung	Beta- oder Gamma-Rückstreuung	Röntgenfluoreszenzanregung	natürl. Eigenstrahlung	Sonst. Strahlungsmessg.
Flächenmasse	$g \cdot m^{-2}$	+	+	(+)	–	–
Dicke	µm	+	+	(+)	–	–
Dichte	$g \cdot cm^{-3}$	+	–	(+)	–	–
Durchmesser	mm	–	–	–	–	+
Füllstand	mm, cm, m	+	+	–	–	–
Position	cm, m	–	(+)	–	(+)	+
quantitative Analyse	Masse-% $g \cdot m^{-2}$ $mg \cdot l^{-1}$	–	–	+	+	–

+ Hauptanwendung (+) eingeschränkte Anwendung
– nicht gebräuchlich

1. Flächenmassemeßgeräte

1.1. Anwendung

Flächenmassemeßgeräte (oder auch „Flächengewichtsmeßgeräte") arbeiten nach dem Durchstrahlungs- oder Rückstreuprinzip. Sie dienen zur Messung der Flächenmasse, Dicke oder Dichte und in Sonderfällen auch des Rohrdurchmessers. Typische Beispiele für Meßaufgaben in unterschiedlichen Industriezweigen sind in Tab. 2 dargestellt.

Tab. 2. Typische Meßaufgaben für Flächenmassemeßgeräte

Meßgröße	Industriezweig	Meßgut
Flächenmasse	Holz- und Papierindustrie	Spanplatten, Spänekuchen, Faserplatten, Papier und Pappe
	Grundstoffindustrie	Mineralwolle, Glasfaservlies
	Textilindustrie	textile Gewebe, Nadelfilz, Teppichbahnen, Auftragsschichten
Dicke	Gummi- u. Plastindustrie	Plastfolien und -tafeln, Gummibahnen
	Metallindustrie	Bleche aus Reinmetall und Legierungen, Auftragsschichten (u. a. galvanische), Rohrwandungen (Schleuderguß)
Dichte	Chem. u. keram. Industrie	Flüssigkeiten (u. a. Säuren), Suspensionen
Durchmesser	Glasindustrie	Glasrohr
	Plastindustrie	Plastrohr

1.2. Aufbau und Wirkungsweise

Die Flächengewichtsmeßanlage 24004 wird seit 1974 produziert. Sie ist ein Gerätesystem der vierten Generation, verkörpert 15jährige Erfahrung und ist sowohl eine technisch zweckmäßige als auch anwendungstechnisch vorteilhafte Lösung. Die Flächengewichtsmeßanlage 24004 besteht aus 59 Gerätetypen oder Baugruppen, die entsprechend der Meßaufgabe zusammengestellt werden. Zur Grundausrüstung (Abb. 1) gehören der Meßkopf und der Strahler, die beide an die Zentrale angeschlossen werden. Zwischen Meßkopf und Strahler befindet sich das zu durchstrahlende Meßgut. Meßkopf und Strahler sind im allgemeinen an starren oder beweglichen Meßbügeln oder an Traversiereinrichtungen befestigt. Bei Messungen nach dem Rückstreuprinzip befindet sich die Strahlungsquelle mit im Gehäuse des Meßkopfes.

Die Gehäuse der Meßköpfe und Strahler zeichnen sich durch eine hohe Dichtigkeit aus und halten dadurch z. B. die Walzölemulsion von der Elektronik fern. Am Ausgang der Meßköpfe steht ein bereits vorverarbeitetes einheitliches Ausgangssignal zur Verfügung, so daß die Zentrale relativ kleine Abmessungen haben kann.

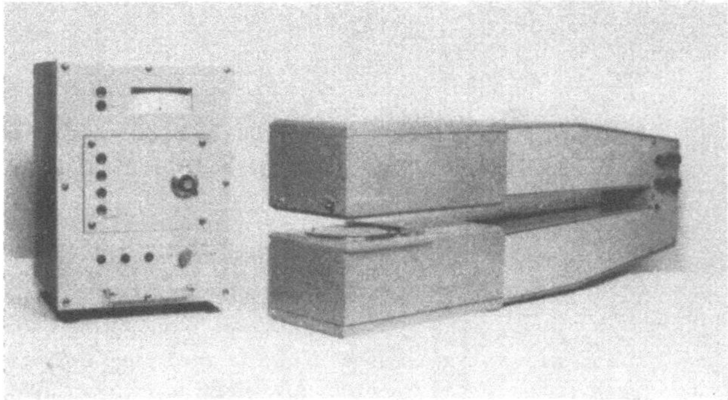

Abb. 1. Grundausrüstung der Flächengewichtsmeßanlage 24004

Sie ist bequem in 19"-Schränken und Schaltpulten unterzubringen oder kann auch unmittelbar an der Maschine aufgestellt werden. An dem Meßinstrument oder dem Schreiber wird die Abweichung der Meßgröße von dem einzustellenden Sollwert angezeigt. Die Meßgenauigkeit ist sehr hoch. Der Grundfehler beträgt je nach Gerätezusammenstellung maximal 0,3 bis 0,5%. Grenzwertsignalgeber für untere und obere Toleranzgrenzen des Meßgutes sind eingebaut. Die Meßempfindlichkeit (Änderung der Flächenmasse, Dicke oder Dichte für Vollausschlag der Abweichungsanzeige) wird entsprechend der Güteforderung der Anwender so eingestellt, daß eine sichere und zuverlässige Meßwerterfassung garantiert ist. Diese individuelle Empfindlichkeitsanpassung bewährt sich insbesondere beim Anschluß der Flächenmassemeßanlage an Regeleinrichtungen. Auf Wunsch des Kunden kann eine Abgleichautomatik eingesetzt werden.

1.3. Technische Daten

Meßbereiche (entsprechend der Radionuklidstrahlungsquelle)

^{147}Pm	10 ... 160 g/m²
^{85}Kr	60 ... 1050 g/m²
^{90}Sr/^{90}Y	240 ... 5 200 g/m²
^{241}Am	600 ... 31 000 g/m²
^{85}Kr-Bremsstrahlung	4450 ... 59 000 g/m²
Ausgangssignal	−10 ... 0 ... +10 V an ≧ 2 kOhm proportional zur Anzeige
Arbeitstemperaturbereich	
Meßköpfe und Strahler	0 ... 50 °C
mit Wasserkühlung	+300 °C Meßguttemperatur
Zentrale	0 ... 40 °C

1.4. Anwendungsbeispiel

Bei der Herstellung von Spanplatten wird die berührungslose Flächenmasse- oder Flächendichtebestimmung zur Steigerung der Qualität und zur Steuerung oder Regelung des Produktionsprozesses eingesetzt (Abb. 2). Mittels der Flächengewichtsmeßanlage 24004 können im Verlauf des Produktionsprozesses sowohl der Spänestrom oder der Spänekuchen als auch die fertige Platte gemessen werden. Die Flächengewichtsmeßanlage 24004 hat geringen Platzbedarf, ermöglicht wartungsfreien Betrieb und kontinuierliches, berührungsloses Messen oder auch Regeln der Produktionsanlage. [3]

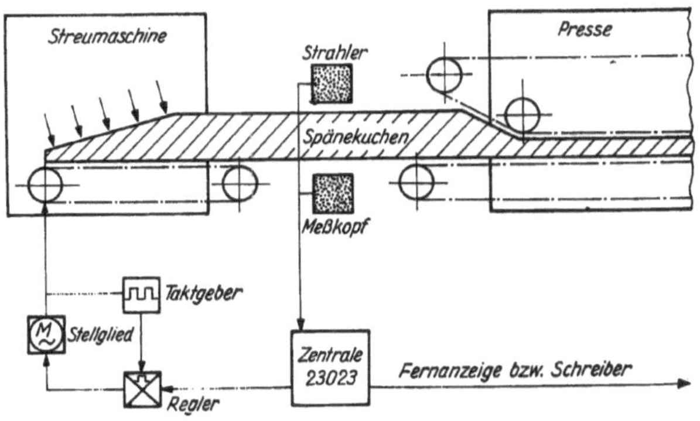

Abb. 2. Flächenmassemessung an Spanplattenanlagen

1.5. *Weiterentwicklungen*

Gegenwärtig wird im VEB Robotron-Meßelektronik „Otto Schön“ Dresden die fünfte Generation von Flächenmassemeßgeräten entwickelt. Das Flächenmassemeßsystem 24024 wird sich, dem internationalen Trend entsprechend, durch erhöhten Bedienkomfort auf der Grundlage des Mikrorechnereinsatzes, verbesserten Strahlenschutz auszeichnen. Dabei bleibt die hohe Genauigkeit der Flächengewichtsmeßanlage FMM 24004 erhalten oder wird überboten [4].

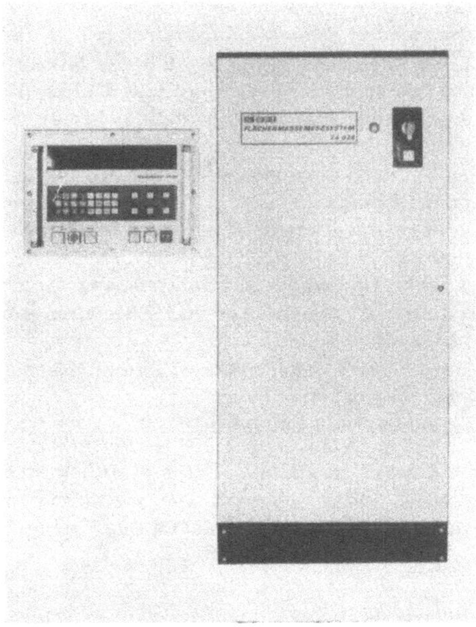

Abb. 3. Zentrale und Bediengerät des Flächenmassemeßsystems 24024

Als erster Bestandteil des Flächenmassemeßsystems 24024 wird ab 1981 die auf der Grundlage des Mikrorechners Robotron K 1520 entwickelte Zentrale mit dem Bediengerät 23188 (Abb. 3) eingesetzt.

In Abb. 4 ist die Konfiguration des Flächenmassemeßsystems 24024 dargestellt.

Die Zentrale besteht aus dem Schrank 75187, der die Meßwertverarbeitung 23186 mit Mikrorechner K 1520 und die Stromversorgung 23187 sowie bei Bedarf einen Schreiber enthält. Die Zentrale wird im allgemeinen in einer Meßwarte untergebracht werden. Die Stromversorgung und die Meßwertverarbeitung sind auch unabhängig von dem Schrank 75187 in 19″-Schränke einzubauen.

Das Bediengerät 23188 entspricht erhöhten Umweltanforderungen und kann bis zu 100 m von der Zentrale entfernt unmittelbar am Arbeitsplatz des Maschinenführers aufgestellt werden. Es enthält eine zentrale Recheneinheit auf der Grundlage des Mikroprozessors U 880 zur Steuerung aller Bedien- und Anzeigefunktionen.

Das Bediengerät 23188 ist in 3 Sektionen gegliedert:

- Die Tastatur enthält 30 Tasten, die in 4 Gruppen aufgeteilt sind. Mittels der Tastatur werden die Funktion des Flächenmassemeßsystems gesteuert, die gewünschten Geräteparameter und die Daten des zu messenden Produktes eingegeben sowie die gewählte Anzeige aufgerufen.
- Das Anzeigetableau ermöglicht die 4stellige digitale Anzeige der Meßwerte einschließlich der Angabe des Vorzeichens und der Dimension. Außerdem wird jede Grenzwertüberschreitung und jede Fehlfunktion signalisiert. Die Darstellung der Meßgröße erfolgt mittels 13 mm hoher LED-Anzeigen.
- Schließlich sind noch Tasten zur Steuerung der Ausfahr- oder Traversiereinrichtung und eine mit einem Schlüssel zu betätigende Bediensperre für wählbare Tasten vorhanden.

Die Bedienung erfolgt ausschließlich über das Bediengerät oder bei Bedarf über einen Leitrechner. Die Verbindungsleitungen zu dem übergeordneten Leitrechner dürfen maximal 500 m lang sein. Die Kopplung mit dem Rechner erfolgt bidirektional mittels einer schnellen seriellen Informationsübertragung nach dem IFSS-Standard. Dabei wird eine maximale Übertragungsgeschwindigkeit von 9600 Baud realisiert. Damit ist beispielsweise eine Änderung des Sollwertes durch den übergeordneten Rechner innerhalb von ca. 30 ms zu erreichen. Das Flächenmassemeßsystem 24024 ist somit über einen Rechner voll fernprogrammierbar und fernbedienbar, und vom Rechner können die benötigten Daten abgefragt werden.

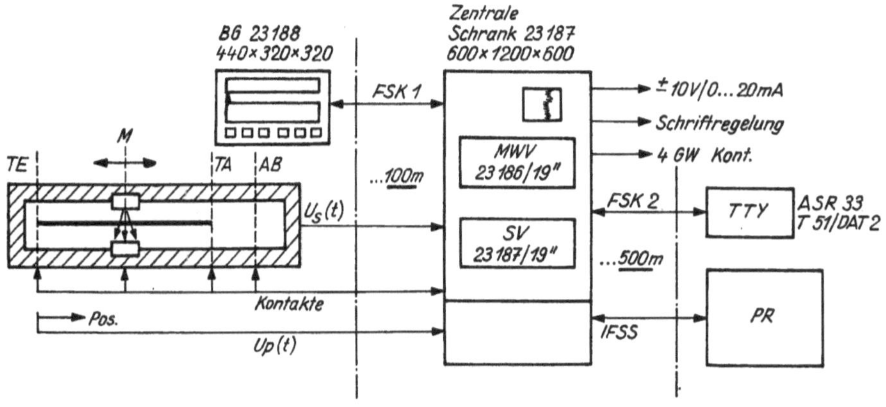

Abb. 4. Konfiguration des Flächenmassemeßsystems 24024
Bitte beachten: Statt Schrank 23187 lies Schrank 75187; statt Schriftregelung lies Schrittregelung

Zusätzlich kann über eine 2. serielle Verbindung im CCITT2-Code ein Fernschreiber ASR 33 bzw. T 51/DAT 2 für die Programmierung oder die Ausgabe von Meßprotokollen angeschlossen werden.

Die Zentrale des Flächenmassemeßsystems 24024 hat weiterhin Ausgänge für ein analoges Regelsignal (± 10 V/ 0 ... 20 mA), eine digitale Schrittregelung und 4 Grenzwertkontakte. Anschlußmöglichkeiten für weitere Meßfühler, z. B. für Temperatur und Feuchte, sind vorhanden. Die Stellung des Meßkopfes in der Traversiereinrichtung kann mittels verstellbarer Kontakte oder einer kontinuierlich veränderbaren Spannung signalisiert werden.

Das Flächenmassemeßsystem 24024 ist einfach zu bedienen. Die Bedienprogramme sind auf den Anwender zugeschnitten und umfassen folgende Systemzustände:

— Kalibrieren
  Werkskalibrierung im Herstellerbetrieb durch punktweise Aufnahme der Kalibrierfunktionen mittels Standard-Kalibrieretalons und unverlierbare Einspeicherung der Kalibrierfunktionen im PROM-Speicher. Nachkalibrierung am Einsatzort mittels weniger vom Anwender bereitzustellender Kalibrieretalons. Eine Nachkalibrierung dauert nur wenige Minuten.
  Weicht auf Grund der speziellen Bedingungen eines Anwendungsfalles die Kalibrierfunktion sehr stark von den Standardfunktionen ab, kann auch am Einsatzort eine Erstkalibrierung vorgenommen werden. In diesem Fall wird die Kalibrierfunktion in CMOS RAM's gespeichert.
— Abgleich
  Automatische Korrektur der Langzeitdrift der gesamten Meßeinrichtung bei Volleinstrahlung. Die Dauer zwischen zwei Abgleichvorgängen sollte nicht mehr als 8 Stunden betragen.
— Bereitschaft
  Bei geschlossenem Strahler werden automatisch die ordnungsgemäße Funktion der Meßeinrichtung analysiert, etwaige Fehler angezeigt und die Nullpunktsdrift korrigiert.
— Messen
  Digitale und analoge Anzeige und Ausgabe der Meßgröße; Grenzwertsignalisierung und Fehlerüberwachung sowie -meldung. Je nach Wahl können der Istwert der Meßgröße oder die Abweichung des Istwertes vom Sollwert gemessen werden. Der Istwert oder der Sollwert der Meßgröße können als Flächenmasse mit der Dimension g/m² oder als Dicke mit den Dimensionen µm oder mm, die Abweichung mit der Dimension % oder in absoluten Einheiten angezeigt werden.

Bei Bedarf können die eingegebenen Geräteparameter in allen Systemzuständen angezeigt und geändert werden. Bei Netzausfall bleiben die eingegebenen Parameter auf Grund der eingesetzten CMOS RAM-Speicher etwa 200 Stunden erhalten. Kurzzeitige Netzspannungsreduzierungen bis zu 40 ms stören die Arbeit der Meßeinrichtung nicht.

Das Flächenmassemeßsystem 24024 ist in erster Linie für den Einsatz in Kaltwalzwerken und an Folienkalandern entwickelt worden. Mit Vorteil ist es insbesondere dann einzusetzen, wenn mit häufig wechselnden Meßgutsorten oder Sollwerten der Flächenmasse zu rechnen ist, wenn die Meßwerte weiterverarbeitet werden müssen, wenn Protokollausdrucke benötigt werden oder wenn die Steuerung über einen Leitrechner erfolgt.

Z. B. sind mehrere Kalibrierkurven und Bedienprogramme speicherbar, die mit minimaler Zeitverzögerung von etwa 30 ms abgerufen werden können, was insbesondere beim Stichwalzen an Walzgerüsten oder beim Endloswalzen von Bedeutung ist.

Mittels eines neuartigen adaptiven Digitalfilters wird jede signifikante Änderung der Meßgröße mit einer im Vergleich zur programmierten Zeitkonstante um den Faktor 16 verringerten Zeitkonstante übertragen, womit den immer schnelleren Walzgeschwindigkeiten Rechnung getragen wird. Des weiteren kann mit einem Programm zur automatischen Steuerung des Sollwertes gearbeitet werden. Hierbei wird in Abhängigkeit von der fortlaufend ermittelten Häufigkeitsverteilung der Abweichung vom manuell vorgewählten Sollwert dieser so weit wie zulässig an die untere Toleranzgrenze der Meßgröße herangeschoben.

Dadurch wird z. B. das „Walzen nach Minustoleranzen" erleichtert. Eine weitere Möglichkeit zur Meßwertverarbeitung ist die Ermittlung des Querprofils eines Bandes mit Registrierung auf einem Schreiber. Der Service wird dadurch erleichtert und beschleunigt, daß etwaige Gerätefehler mit einer Schlüsselnummer angezeigt werden, die auf die Fehlerursache hinweist.

Abschließend seien nochmals die Hauptvorteile für den Anwender des Flächenmassemeßsystems 24024 mit Mikrorechner genannt:

— automatische und schnelle Kalibrierung; nur die Kalibrieretalons müssen eingelegt werden, der Mikrorechner errechnet und speichert selbständig die Kalibrierkurve;
— Speicherung und schnelles Abrufen mehrerer Bedienprogramme;
— in weiten Grenzen einstellbare Zeitkonstante;
— adaptive Zeitkonstante;
— Anzeige des dimensionsrichtigen Istwertes neben der Abweichung;
— Anzeige von Bedien- und Gerätefehlern mit einer Schlüsselnummer, die auf Art und Entstehungsort des Fehlers hinweist;
— Sperre zum Schutz gegen unberechtigtes Bedienen;
— Protokollausdruck;
— Steuerbarkeit mittels Leitrechner.

Für einfache Anwendungsfälle, z. B. die Stoffdichtemessung an Flüssigkeiten, steht weiterhin die vielfach bewährte Flächengewichtsmeßanlage FMM 24004 zur Verfügung.

2. Strahlenrelais

2.1. Anwendung

Das Hauptanwendungsgebiet des Strahlenrelais 24012 ist die Füllstandsmessung. Der VEB Robotron-Meßelektronik „Otto Schön" Dresden hat viele tausend derartige Meßeinrichtungen produziert und in der Betriebsmeßtechnik zahlreicher Industriezweige eingesetzt. In der Regel wird für die Füllstandsmessung das Durchstrahlungsprinzip angewendet. In den letzten Jahren wurde jedoch auch das Gamma-Rückstreuprinzip für die kontinuierliche Füllhöhenmessung an großen Behältern praktisch nutzbar gemacht.

In Tab. 3 sind typische Beispiele für den Einsatz des Strahlenrelais 24012 zusammengestellt. In einigen Fällen wird das Strahlenrelais auch zur Bestimmung der Dichte von flüssigen Gemischen oder als Signalgeber im dynamischen Betrieb eingesetzt.

Tab. 3. Anwendungsbeispiele für das Strahlenrelais 24012

Meßgröße	Industriezweig	Meßgut/Meßaufgabe
Füllstand	Kohlegewinnung u. -verarbeitung	Aschesammelbehälter Überwachung der Förderbandübergabestellen Kontrolle der Prallgasfilter in Gaswerken
	Kali- und Kalkindustrie	Steuerung und Kontrolle der Entleerung von Fördergefäßen Füllstandskontrolle der Rollöcher Füllstandskontrolle der Naßmahlanlagen Füllstandskontrolle der Kaligranulierung
	Chemische Industrie	kontinuierliche Füllstandskontrolle an Silos unterschiedlicher Ausführungen Kalkstoßbunker Butangasflaschen Steuerung von Abfüllvorgängen
	Metallurgie, Gießereien	Erzbunker, Kupolöfen
Dichte	Bergbau	Förderstrom von Saugbaggern Stoffdichte
	Kohleindustrie	Brikettdichte
Position	Hüttenindustrie	Material im Durchlauf von Glühöfen Brammensteuerung
	Bergbau	Zugschlußmeldung Zugzwangsbremsung
	Petrochemische Industrie	Molchsuche in Pipelines
quantitative Analyse	Bergbau	Kalikonzentration vor Ort

2.2. *Aufbau und Wirkungsweise*

Abb. 5 zeigt das Strahlenrelais 24012. Es besteht aus den Baugruppen Impulsdichtemesser 23153, Grenzwertschalter 23154, Strahler, Zählrohrsonde oder Szintillationssonde. Der Impulsdichtemesser dient zur kontinuierlichen Umwandlung der Ausgangsimpulsraten der Sonden in ein analoges Gleichspannungssignal und der Grenzwertschalter 23154 mit zwei unabhängig voneinander wirkenden Kanälen zur Signalisierung des Über- oder Unterschreitens eingestellter Grenzwerte. Der Impulsdichtemesser enthält auch die Spannungsversorgung für Sonden und Grenzwertschalter.

Die Strahler sind Arbeitsbehälter zur Aufnahme umschlossener Gamma-Strahlungsquellen (^{60}Co oder ^{137}Cs). Der Typ 74019 ist ein Strahler mit Handantrieb. Beim Strahler 74017 wird der Nutzstrahl durch einen elektromotorischen Antrieb freigegeben.

Zur kontinuierlichen Füllstandsmessung steht die Nachlaufeinrichtung 24016 zur Verfügung, die Strahlungsquelle

Abb. 5. Bestandteile des Strahlenrelais 24012

und Detektoreinheit als Sonde 72007 in einem Schutzrohr dem Meßgut automatisch nachführt.

Der Aufbau aller Baugruppen entspricht den Bedingungen der Industrie. Sowohl die Schutzarten, die mechanischen Festigkeiten als auch die Aufteilung in die genannten Baugruppen bieten die Gewähr für beste Gebrauchseigenschaften und wartungsarmen Betrieb.

Betriebssicherheit und lange Lebensdauer sind selbst unter extremen Umweltbedingungen garantiert.

2.3. *Technische Daten*

Detektor	*Geiger-Müller*-Halogenzählrohr oder NaJ(Tl)-Szintillationsdetektor
Ausgangssignal analog	1 ... 10 V an ≧ 2 kOhm
Kontaktausgang	2 Umschaltkontakte je Kanal
Arbeitstemperaturbereich	
Impulsdichtemesser	−20 ... +45 °C
Grenzwertschalter	−20 ... +45 °C
Zählrohrsonden	−40 ... +70 °C
mit Wasserkühlung	... +180 °C
Szintillationssonden	−20 ... +40 °C

2.4. *Anwendungsbeispiel*

Zur Erzielung eines optimalen technologischen Prozesses bei der Herstellung von Glaswaren ist es erforderlich, den Flüssigkeitsspiegel des Glases konstant zu halten. Die geforderte Meßgenauigkeit ist sehr hoch, und der Meßbereich beträgt nur einige Millimeter. Diese komplizierte Meßaufgabe wurde mit der Szintillationssonde 72041 in Verbindung mit einem Gamma-Strahler gelöst.

Die Meßeinrichtung (Abb. 6) wurde an der Glasrinne angebracht. Ein stark kollimierter Gamma-Strahl wird dabei so ausgeblendet, daß seine Achse parallel zur Oberfläche des flüssigen Glases und in Höhe des gewünschten Sollwertes für den Füllstand liegt. Der Gamma-Strahl trifft auf die Mitte des Szintillators der Szintillationssonde.

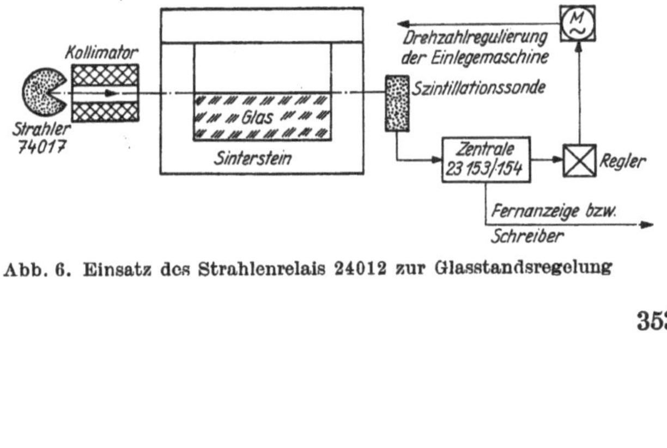

Abb. 6. Einsatz des Strahlenrelais 24012 zur Glasstandsregelung

Jede Veränderung des Glasstandes führt somit zu mehr oder weniger hoher Absorption der Gamma-Strahlung im flüssigen Glas, was sich als Intensitätsänderung der Strahlung am Szintillator auswirkt. Diese Intensitätsänderung äußert sich in einer proportionalen Änderung des Ausgangssignals der Szintillationssonde. Mit dieser Meßeinrichtung wird erreicht, daß z. B. eine Glasstandänderung im Bereich von 0 ... 6 mm einer reziprokproportionalen Spannungsänderung von 0 ... 10 V entspricht!

2.5. *Weiterentwicklungen*

Gegenwärtig wird im VEB Robotron-Meßelektronik „Otto Schön“ Dresden das gesamte Sortiment von Füllstandsmeßgeräten und Strahlenschranken überarbeitet. Alle Sonden erhalten eine zylindrische Form mit dem einheitlichen Außendurchmesser von 50 mm. Die Zählrohrsonden werden für Einsatzbedingungen unter Explosionsschutz in druckfester Kapselung geliefert. Die Anschlußleitung ist dabei eigensicher ausgeführt.

Für die Sonden ist ein getrennter Kühlmantel konzipiert, der den Einsatz bis zu mindestens +180 °C Umgebungstemperatur ermöglicht. Die neuen Sonden sind in Abb. 7 dargestellt.

Die Szintillationssonde erhält eine automatische Verstärkungsstabilisierung, um auch bei hohen Meßempfindlichkeiten niedrige Meßfehler zu gewährleisten.

Die neue Füllstandsmeßeinrichtung wird mittels mechanischer Nachführung der Rückstreusonde eine kontinuierliche Füllhöhenmessung bis zu 40 m erlauben und die Höhe digital mittels Leuchtdioden-Anzeigeelementen darstellen.

Abb. 8 zeigt das Prinzip des weiterentwickelten Auswertegerätes. Ausgehend von der Tatsache, daß heute in allen größeren Industriebetrieben Meß- oder Schaltwarten vorhanden sind und in den meisten Fällen auch mehrere gleichartige Meßstellen auszurüsten sind, wurde ein Mehrkanalgerät in Einschubbauweise konzipiert. Damit ist eine Kosteneinsparung und eine hohe Anpassungsfähigkeit zu erreichen.

Das Auswertegerät kann wahlweise mit 1 ... 8 Impulsdichtemessern ausgerüstet werden. An den Impulsdichtemessern sind die gewünschte Empfindlichkeit und Kompensation und auch die Ansprechschwellen der Grenzwertschalter einzustellen. Die Impulsdichtemesser haben einen Spannungsausgang von 0 ... 10 V oder bei Bedarf einen Stromausgang von 0 oder 4 ... 20 mA. Der Linearisierungsbaustein ist zur Linearisierung nichtlinearer Abhängigkeiten des Ausgangssignals des Impulsdichtemessers von der Meßgröße vorgesehen. Ein Linearisierungsbaustein wird jeweils an Stelle eines Impulsdichtemessers eingesetzt, so daß dann maximal vier linearisierte Meßkanäle je Auswertegerät vorhanden sind. In dem Auswertegerät ist weiter ein Anzeigeinstrument enthalten, an dem wahlweise die Ausgangssignale der verschiedenen Kanäle angezeigt werden können.

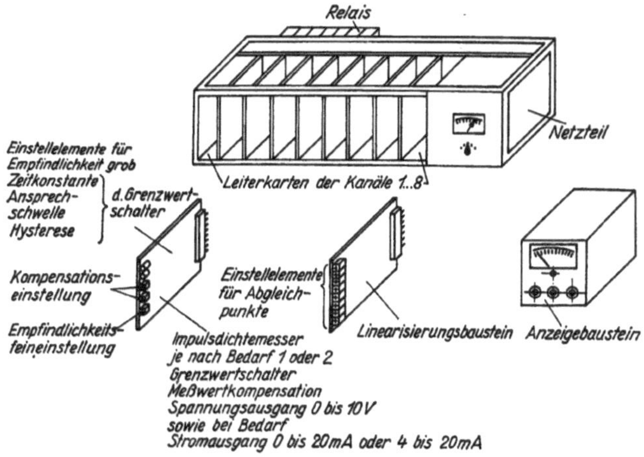

Abb. 8. Konfiguration des Auswertegerätes zum Strahlenrelais 24017

Zusätzlich ist ein Anzeigebaustein mit einem hochgenauen Meßinstrument und exakt reproduzierbar einstellbaren Regelpotentiometern vorgesehen.

Die bewährt hohe Widerstandskraft des bisherigen Strahlenrelais 24012 gegenüber den industriellen Umwelteinflüssen wird beibehalten.

Abschließend seien die neuen Baugruppen zur Füllstandsmessung und für Strahlenrelais nochmals zusammenfassend genannt:

Baugruppeneinsatz	29057/58
Impulsdichtemesser	29051-54
Linearisierungsbaustein	29055
Anzeigebaustein	29056
Zählrohrsonde	72056
Zählrohrsonden ex-geschützt	72047/48
Szintillationssonde mit Verstärkungsstabilisierung	72060
Füllstandsmeßeinrichtung	24017

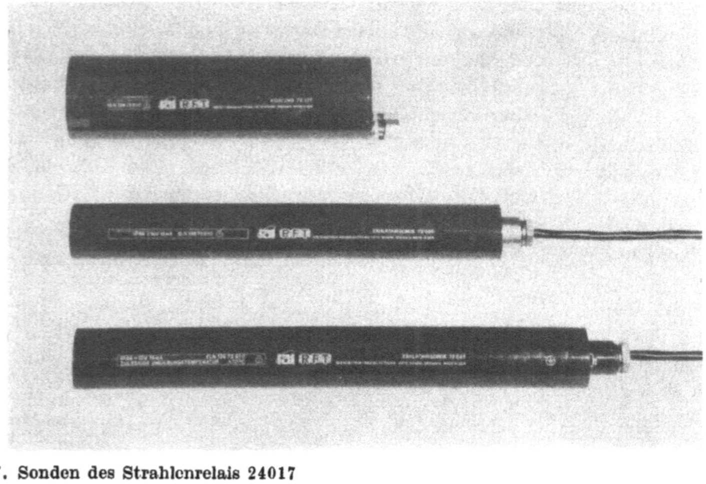

Abb. 7. Sonden des Strahlenrelais 24017

3. Stoffanalysatoren

3.1. Anwendung

Die Stoffanalyse mit Radionuklidstrahlung gehört zu den jüngsten Anwendungen radioaktiver Nuklide in der Betriebsmeßtechnik. Ausgenutzt werden dabei sowohl die Eigenstrahlung des Meßgutes als auch die Absorption und die Anregung zur Strahlungsaussendung (Fluoreszenz).

Eine wichtige Anwendung der Stoffanalysatoren, bei denen die Eigenstrahlung des Meßgutes ausgenutzt wird, ist die Kalianalyse. Dabei wird die Konzentration des Kaliums in Roh-, Zwischen- und Fertigprodukten bestimmt, indem die Gammastrahlung des natürlich radioaktiven Isotops ^{40}K gemessen wird. Für die photochemische Industrie sind die Silberanalysatoren des VEB Robotron-Meßelektronik „Otto Schön“ Dresden die bisher effektivste Anwendung der Röntgenfluoreszenzmethode. In Tab. 4 sind typische Anwendungsbeispiele des Prozeßanalysators 24006 zusammengestellt.

Tab. 4. Typische Anwendungsbeispiele des Prozeßanalysators 24006

Meßgröße	Industriezweig	Meßgut
Flächendichte	Photochemische Industrie	Photopapier Farbfilm Röntgenfilm
quantitative Analyse	Bergbau	Kalirohsalz
	Chemische Industrie	Kalirohsalz Kalilösungen Kaliendprodukt (K40, K60)
	Photochemische Industrie	photographische Emulsion (Silber)

3.2. Aufbau und Wirkungsweise

Der Prozeßanalysator 24006 (Abb. 9) besteht aus der Sondeneinheit, dem Zentralgerät und den Registriereinrichtungen. Als Strahlungsdetektor zum Nachweis der natürlichen oder der Röntgenfluoreszenzstrahlung wird ein Szintillationszähler eingesetzt.

Die Zentrale 23145 enthält einen Einkanalanalysator und die für den Betrieb der Sonde erforderlichen elektronischen Baugruppen sowie einen Impuls-Zeit-Zähler mit Ziffernanzeige. Die Meßwerte werden analog und digital ausgegeben. Zur Bestimmung der Kalikonzentration wird die Sonde 23152 eingesetzt, und zur Bestimmung der Silberflächendichte sind die Sonden 23148 und 23149 vorgesehen. Die letztere ist auf Grund des Einsatzes eines zusätzlichen Palladium-Filters zur Streustrahlungsunterdrückung insbesondere für die Bestimmung niedriger Silberflächendichten geeignet.

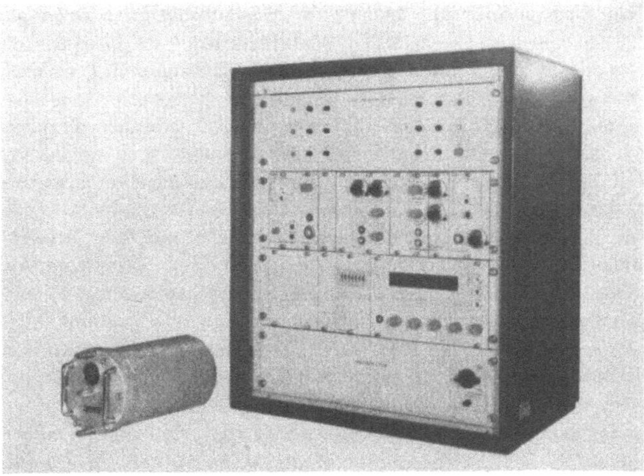

Abb. 9. Prozeßanalysator 24006

Durch Anwendung eines stochastischen Verfahrens der Messung und Datenverarbeitung mit einem Rechner (z. B. Robotron 4200) wurden für die Betriebsmeßtechnik wesentliche neue Qualitätsmerkmale erreicht.

Gegenüber den bisher üblichen Verfahren ergeben sich dadurch folgende Vorteile:

- Verkürzung der Meßzeiten ohne Einbuße an Genauigkeit;
- Erhöhung der Genauigkeit für kurzzeitige Meßgrößenschwankungen;
- Automatische Diagnose von Störungen in der Meßeinrichtung und im technologischen Prozeß durch statistische Näherungsverfahren.

3.3. Technische Daten

Detektor	NaJ(Tl)-Szintillationsdetektor
Ausgangssignal analog	0 ... 10 V an ≧1 kOhm
Ausgangssignal digital	BCD-Code nach SI 1.2
Arbeitstemperaturbereich	
Zentrale	0 ... 40 °C
Sonden	−10 ... +45 °C
mit Wasserkühlung	... +110 °C

3.4. Anwendungsbeispiel

Die Rentabilität des Verarbeitungsprozesses von Kalisalzen hängt entscheidend von einer optimalen Verlösung des Rohsalzes ab. Dabei ist eine konstante KCl-Sättigung der heißen Lösung anzustreben. Durch Veränderung der Rohsalz- oder Löselaugenmenge kann eine Regelung des Produktionsprozesses erfolgen. Hierzu kann z. B. der prozentuale K_2O-Gehalt des Rohsalzes im Silo oder am Plattenband (Abb. 10) radiometrisch gemessen und mittels einer Steuerung der Geschwindigkeit des Plattenbandes die erforderliche K_2O-Menge in die Löseapparate befördert werden.

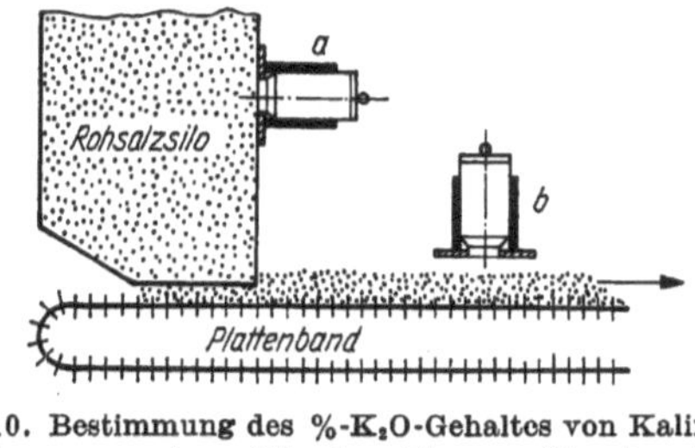

Abb. 10. Bestimmung des %-K_2O-Gehaltes von Kalirohsalz
a – Messung an einem Silo; b – Messung über dem Plattenband

Der internationale Trend in der Anwendung radiometrischer Meßverfahren für die Betriebsmeßtechnik ist auf die Erweiterung des schon umfassenden Einsatzes von Flächenmassemeßgeräten und Füllstandsmeßgeräten gerichtet. Dabei kommt der Verbesserung des Strahlenschutzes eine hohe Bedeutung zu. Der Komfort bei Bedienung und Meßwertverarbeitung insbesondere komplizierter Meßeinrichtungen wird durch den Einsatz von Mikrorechnern erhöht. In zunehmendem Umfang werden auch Stoffanalysatoren eingesetzt. Bei diesen Geräten stellt zumeist jede Meßstelle spezielle Anforderungen, die einen hohen Anpassungsaufwand nötig machen und den Einsatz von Typengeräten erschweren.

Meinen Kollegen Dr. *Löber* und *Ruder* danke ich für die Überlassung von Informationen zu den neuentwickelten Erzeugnissen, Dr. *Schubert* für seine Hinweise bei der Erarbeitung des Manuskriptes.

Eingegangen am 26. 8. 1980
Überarbeitete Fassung: 21. 11. 1980

Literatur

[1] *R. Heimann*, Radionuklide in der Automatisierungstechnik, VEB Verlag Technik Berlin, 1967

[2] *W. Hartmann*, Meßverfahren unter Anwendung ionisierender Strahlung, Akad. Verlagsgesellschaft Geest & Portig KG, Leipzig, 1969

[3] *K. H. Traeber*, Holztechnologie 14 (1973)

[4] *C. Löber*, Rechnergestützte Dickenmessung während des Produktionsprozesses mit dem System FMM 24024, Fachvortrag zur Leipziger Frühjahrsmesse 1980

Extraktions-Szintillatorlösungen für den Nachweis von Aktiniden

W. Gruner

(Staatliches Amt für Atomsicherheit und Strahlenschutz der DDR)[1]

Die Einsatzmöglichkeiten der α-LSC-Technik für den Plutonium-, Uran- und Thoriumnachweis wurden untersucht. Dabei kamen handelsübliche wasserlösliche Szintillatorcocktails wie auch LSC-Cocktails mit Extraktionsmittelzusatz (ELS) zur Anwendung. Experimentelle Einflüsse wie Volumen der wäßrigen Phase und Quenchzusätze auf den Meßvorgang und das Energieauflösungsvermögen wurden getestet. Für Pu, U und Th wurden Extraktionsdauer und -effektivität ermittelt. Anwendungsbeispiele wie selektive Nuklidbestimmung nebeneinander oder Verbesserung des Peak-Untergrund-Verhältnisses werden diskutiert.

Keywords

actinides; alpha spectroscopy; liquid scintillators; scintillation counting; scintillation quenching; solvent extraction

1. Einleitung

Beim qualitativen und quantitativen Nachweis α-aktiver Nuklide mit radiometrischen Meßmethoden sind erschwerende Faktoren zu berücksichtigen:

- die starke Absorption der α-Strahlung im Medium zwischen Präparat und Meßsonde bzw. in Flächenpräparaten selbst;
- die relativ geringe Meßeffektivität üblicher Meßanordnungen z. B. mit Halbleiterdetektoren;
- bei oft nur kleinen Nuklidkonzentrationen.

Als geeignet erweist sich die Flüssigszintillationsmessung (LSC), da

- das α-Strahlung emittierende Nuklid sich direkt in der Szintillatorlösung befindet;
- die nahezu 100%ige Meßeffektivität eine daraus resultierende hohe Nachweisempfindlichkeit bewirkt sowie auch
- eine einfache Meßprobenpräparation und
- ein hoher Automatisierungsgrad möglich sind.

Neben diesen prinzipiellen Vorzügen läßt die Methode vielfältige Adaptionen zu. So ist eine höhere Nachweisempfindlichkeit durch Verringerung des störenden Untergrundes (z. B. β-γ-Strahlung) oder ein spezifischer Nuklidnachweis durch Verbesserung des Auflösungsvermögens möglich, ohne allerdings das der Alphaspektrometrie mit Halbleiter-Detektoren zu erreichen. Geeignet sind hierfür sowohl chemische Variationen, wie Trennverfahren vor oder während der LSC-Meßprobenherstellung, wie auch elektronische (α-β-Diskriminierung) und konstruktive (Meßsonden und -anordnungen).

Das Anliegen dieser Arbeit ist es, ausgewählte Extraktionsszintillatorlösungen (ELS) untereinander bzw. gegenüber käuflichen Szintillatorcocktails für den Plutonium-, Uran- und Thoriumnachweis mit handelsüblicher Meßtechnik zu vergleichen.

2. Die Kombination von Extraktion und LSC

Angewendet wird die LSC-Meßtechnik für die Bestimmung α-aktiver Nuklide, konkret des Plutoniums, seit Anfang der sechziger Jahre. Da es sich um geringe nachzuweisende Konzentrationen handelte, traten bei der Verwendung üblicher Szintillatorcocktails die für „massenlose" Proben typischen Effekte wie Wandadsorption und LSC-Einflüsse durch Mineralsäuren auf. Durch Zusatz von Tri-n-octyl-phosphinoxid (TOPO) wurden derartige Störungen z. T. behoben [1—5]. Die Stabilisierung der Plutoniumionen in Form eines Komplexes ist dahingehend weiterentwickelt worden, gezielt über einen Extraktionschemismus stabile Komplexe zu erhalten und gleichzeitig eine selektive Abtrennung von störenden Begleitern zu erreichen. Einige Autoren [6—8] führen deshalb zunächst separat die Extraktion durch und mischen anschließend ein Aliquot der organischen Extraktionsmittelphase mit der Szintillatorlösung. Auf vielfältige Möglichkeiten der direkten Überführung der Aktinide in Szintillatorlösungen mit Extraktionsmittelzusatz (ELS) wiesen vor allem *Mc Dowell* u. a. [9—19] hin. Der Phasenübergang während der Extraktion gestattete es, die auf Toluen-Basis vorhandenen wasserunlöslichen Szintillatorlösungen und deren Vorteile bezüglich Szintillationseffektivität gegenüber wasserlöslichen Dioxan-Szintillatorlösungen zu nutzen. *McDowell* [9] verwendete neben Bis-(2-ethylhexyl)-orthophosphor-

[1]) Anschrift: Außenstelle Lohmen, 8354 Lohmen-Herrenleite

säure (HDEHP) auch Alamin-sulfat als Extraktionsmittel für Plutonium bzw. höhere Aktinide. In Verbindung mit spezifizierten Sekundärelektronenvervielfachern (SEV) erreichen sie 8% Energieauflösung gegenüber 26% bei kommerziellen SEV. Vergleichende Betrachtungen von *Delle Site* u. a. [16] zur Verwendbarkeit eines p-Terphenyl-(POPOP)-Toluen-Cocktails mit 200 ml HDEHP auf 800 ml Toluen bzw. von INSTA-Gel ergaben bei Plutonium einen um 40% schmaleren Peak und damit eine bessere Energieauflösung des ELS. Mit 20 Vol% HDEHP werden die günstigsten Ergebnisse erreicht [17]. Noch vorteilhafter bezüglich Impulshöhe und Halbwertspeakbreite zeigten sich Szintillatorlösungen mit PBBO anstelle der „klassischen" PPO- bzw. POPOP-Szintillatoren [11—13]. Neben derartigen Variationen der Szintillatorlösungen selbst wurden auch verschiedene Extraktionsmittelzusätze untersucht:

McDowell und *Coleman* [10] testeten die Konzentrationsabhängigkeit und das Quenchverhalten von TOPO, HDEHP, Tri-n-butylphosphat (TBP), Tri-n-octylamin (TOA) und Di-n-decylamin (DDAS) für die Eignung zur Plutoniumanalyse und fanden HDEHP als das geeignetste Extraktionsmittel. Vorzüge der Uranbestimmung in TBP-Szintillatorlösungen fanden *Gorbushina* u. a. [15] im Vergleich zu solchen auf Dioxan-Basis.

Die in den letzten Jahren von *Bouwer* u. a. [14, 19] erbrachten Ergebnisse für den Uran- und Thoriumnachweis in Gemischen wurden erreicht, indem jedes Nuklid mit einem selektiv wirkenden ELS analysiert wird. Für Uran wird Adogen-364-sulfat und für Thorium 1-Nonyldecylamin-sulfat verwendet.

Resümierend läßt sich feststellen, daß die Methode der kombinierten Extraktion-Flüssigszintillation den Nachweis der Aktinide verbessert hat. Von zahlreichen Varianten der Szintillatorlösungen und Extraktionsmittel haben sich einige offensichtlich bewährt.

3. Chemikalien und Geräte

Zum Einsatz gelangten folgende Szintillatorlösungen:

a) INSTA-Gel (Fa. Packard, USA)

b) Dioxan-LS [1—4]:
   7 g PPO/0,3 g POPOP
   100 g Naphthalen
   40 g TOPO
   in 1 l Dioxan

c) ELS-1 [9]:
   7 g PPO/0,5 g M_2POPOP
   3,2 g HDEHP
   in 1 l Toluen

d) ELS-2 [17, 18]:
   5 g p-Terphenyl/0,05 g POPOP
   200 ml HDEHP
   in 800 ml Toluen

e) ELS-3 [3]:
   7 g PPO/1 g POPOP
   40 g TOPO
   in 1 l Toluen.

Die Versuche zur Optimierung experimenteller Einflußgrößen wurden mit einer standardisierten Plutonium-239-Lösung durchgeführt: 1,78 µg Pu/g Lösung ≙ ca. $4 \cdot 10^3$ Bq ^{239}Pu/g Lösung; 0,5 molar an HNO_3.

Für die Versuche mit Uran standen Uranlösungen mit ca. 1,5 mg U/g Lösung (0,5 molar an HNO_3) und verschiedenen ^{235}U-Anreicherungsgraden zur Verfügung. Die eingesetzte Thorium-232-Lösung enthielt ca. 13 mg Th/g Lösung.

Von den o. g. Lösungen wurden 100 µl mit 10 ml Szintillatorlösung und wahlweisem Zusatz von 0,5 M HNO_3 als wäßrige Phase in 20 ml Plaste-LSC-Flaschen verwendet. Die Messungen wurden mit einem TRI-CARB C-2425 der Fa. Packard (USA) durchgeführt. Für spektrometrische Untersuchungen wurden die Impulse extern formiert, verstärkt und in einem 1024-Vielkanalanalysator analysiert.

4. Ergebnisse und Diskussion

Die Kombination Extraktion—LSC stellt ein Zweiphasen-Reaktionssystem dar. Aus diesem Grund wurden die Extraktionsgeschwindigkeit und -effektivität sowie die Einflüsse der wäßrigen Phase bzw. von Quenchzusätzen auf den Meßvorgang in drei häufig zitierten ELS untersucht. Die Aussagen zur Energieauflösung spektrometrischer Analysen wurden mit herkömmlichen, für wäßrige Proben mehr oder weniger geeigneten Szintillatorlösungen — Dioxan-LS und INSTA-Gel — verglichen. Als Modellsubstanz diente Plutonium.

4.1. *Plutoniumnachweis*

4.1.1. Extraktionsverhalten. Zur gleichmäßigen Durchmischung der wäßrigen Phase mit dem ELS eignete sich am besten eine Schüttelmaschine. Die Impulsrate wurde dann in Abhängigkeit von der Extraktionsdauer von ELS-1, -2 und -3 gemessen (Abb. 1a). Während im ELS-1 eine konstante Ausbeute von ca. 90% bereits nach 5 Minuten erreicht wurde, gelangen ELS-2 und ELS-3 erst nach 20minütigem Schütteln auf einen gleichbleibenden Wert von ca. 93%. Die Meßbedingungen waren: 100 µl Pu-Lösung, 1 ml 0,5 M HNO_3 neben 10 ml ELS.

Die gemessene Impulsrate, bezogen auf die berechnete Zerfallsrate, berücksichtigt sowohl die Extraktions- als

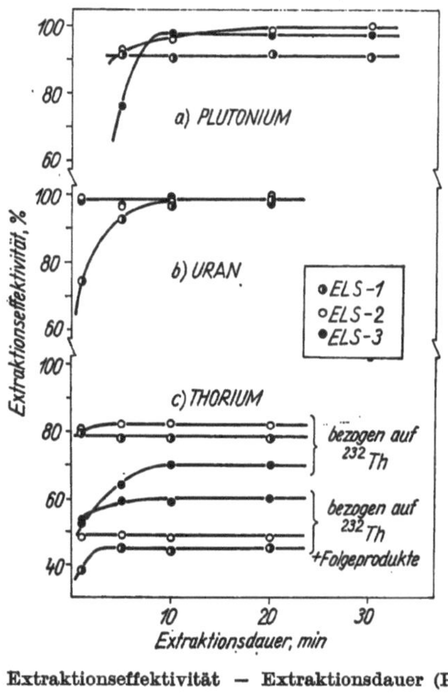

Abb. 1. Extraktionseffektivität — Extraktionsdauer (Pu, U, Th)

auch die Meßeffektivität. Vergleichsweise beträgt die Meßeffektivität in INSTA-Gel und Dioxan-LS unter Bedingungen, wo homogene Lösungen von wäßriger und Szintillatorphase vorliegen, $(95,4 \pm 0,4)\%$ bzw. $(95,7 \pm 0,3)\%$. Die in Abb. 1 angegebenen „Extraktionseffektivitäten" sind auf INSTA-Gel, entsprechend 100%, bezogen.

Der Test mit PPO/M_2POPOP/Toluen ergab unter den o. g. Bedingungen nur die Nulleffekt-Impulsrate und damit den Nachweis, daß die registrierten Zerfälle vom Plutonium der organischen Phase des ELS stammen.

4.1.2. Einflüsse der wäßrigen Phase und von Quenchzusätzen. Die Größe der gerätespezifischen ESR-Werte (external standard ratio) als Maß für den Quench bestimmt die Impulshöhe und damit die Peaklage im Energiespektrum. Zur Sicherung konstanter Meßbedingungen wurde untersucht, inwieweit Beeinflussungen der ESR-Werte durch das Volumen der nicht abgetrennten wäßrigen Phase oder durch einen Quencher (CCl_4) auftreten. Aus Abb. 2 geht hervor, daß

- bis reichlich 1 ml wäßrige Phase (≈ 10 Vol%) in ELS-1 und ELS-2 kein Einfluß vorhanden ist, dagegen in ELS-3;
- ELS-1 den geringsten Quench aufweist;
- ein deutlicher Abfall des ESR-Wertes ab 30 Vol% bei allen ELS bemerkbar ist;
- INSTA-Gel und Dioxan-LS kontinuierlich unter den Werten der ELS liegen;
- Dioxan-LS im üblichen Einsatzgebiet bis 10 Vol% wäßrige Phase drastische Quencheinflüsse erkennen läßt.

Die Abtrennung der wäßrigen Phase von ELS und dessen gesonderte Ausmessung bewirkt bei ELS-1 und ELS-2 die Einstellung der ESR-Werte, wie sie bei geringsten wäßrigen Phasen (100 µl) meßbar sind. Bei ELS-3 werden nur etwa 85% dieses „Anfangswertes" erreicht.

Die Energieauflösung der α-Spektren (Abb. 3) zeigt eine hervorragende Gleichmäßigkeit der ELS im Bereich bis 30 Vol% wäßrige Phase im Gegensatz zu den Kurven-

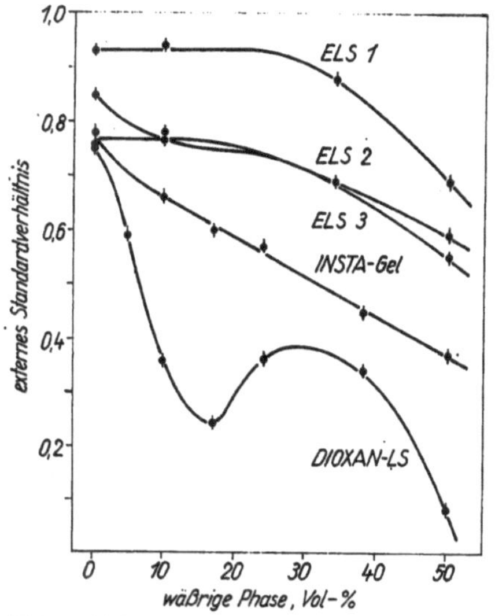

Abb. 2. ESR – Volumen der wäßrigen Phase (Pu)

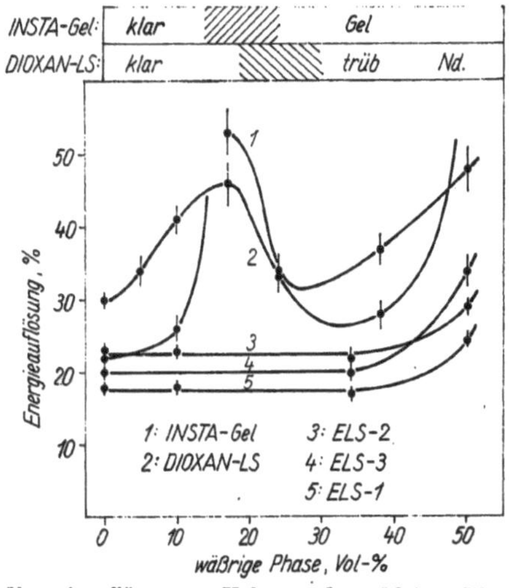

Abb. 3. Energieauflösung – Volumen der wäßrigen Phase (Pu)

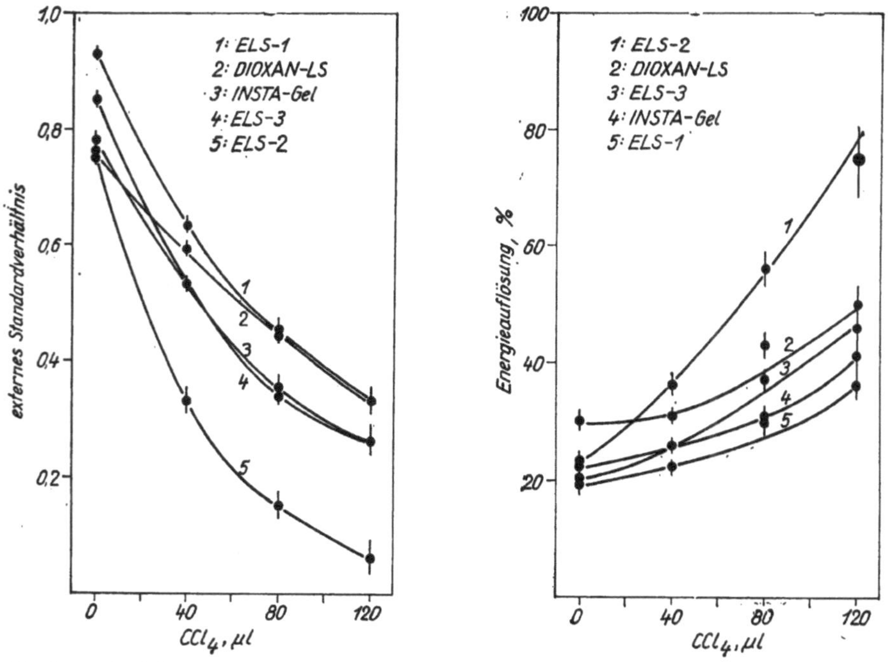

Abb. 4. ESR/Energieauflösung – Quencher (Pu)

verläufen in INSTA-Gel und Dioxan-LS. Deren sprunghafte Änderungen finden ihre Erklärung in den Phasenbeständigkeiten beider Mischungen.

Aus den Versuchen läßt sich ableiten, daß die ELS bessere Energieauflösungsvermögen über weite Bereiche des wäßrigen Phasenanteils zulassen. Die Reihenfolge entspricht bei 10 Vol% ELS-1 < ELS-3 < ELS-2 < INSTA-Gel ≪ Dioxan-LS.

Der Zusatz geringer Mengen von CCl_4 als Quencher wird bei allen Szintillatorlösungen durch einen drastischen Abfall des ESR-Wertes indiziert und bewirkt eine Verschlechterung der Energieauflösung (Abb. 4). Vor allem ELS-2 erweist sich als sehr anfällig. Alle α-LSC-Spektren sind mit gleicher Verstärkung aufgenommen worden. Als optimale Verstärkereinstellung am LSC-Gerät (GAIN) wurde die ermittelt, bei der alle Impulshöhen sowohl in INSTA-Gel/Dioxan-LS wie auch in den ELS voll erfaßt wurden (s. Abb. 5). Bei dem gerätetypischen GAIN-Bereich bis 100 ist in den ELS bereits 0,15 ausreichend. Vergleichsweise wird z. B. Tritium mit einem GAIN-Wert von 28 gemessen. In Abb. 6 sind die typischen Plutoniumspektren in allen verglichenen Szintillatorlösungen zusammengefaßt. Als optimal haben sich folgende Meßbedingungen bewährt:

GAIN: 0,15; Volumen der wäßrigen Phase 1 ml.

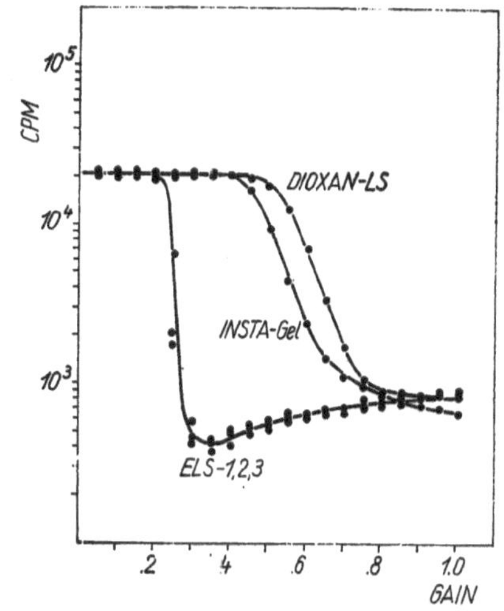

Abb. 5. Zählrate – GAIN

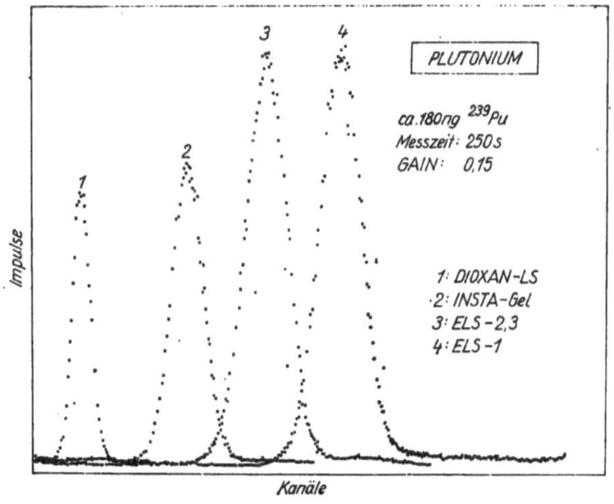

Abb. 6. Plutonium in verschiedenen Szintillatorlösungen

Mit diesen Parametern wird der Plutoniumnachweis mit spektrometrischer Auswertung wie auch nach Energiekalibrierung des LSC-Gerätes mit der Kanalfenstermethode unter Verwendung von ELS-1 durchgeführt. Die Energieauflösung beträgt 18%, vergleichsweise INSTA-Gel 26 %.

4.2. *Uran- und Thoriumnachweismöglichkeiten*

In Abb. 1b und 1c ist das Extraktionsverhalten von Uran und Thorium in den ELS dargestellt. Die prozentualen Angaben der Extraktionseffektivität stellen wieder eine Normierung auf INSTA-Gel dar. Sie besagen, daß Uran innerhalb weniger Minuten von ELS-2 und ELS-3 nahezu hundertprozentig extrahiert wird. In ELS-1 ist dieser Prozeß erst nach ca. 10 Minuten Schütteldauer abgeschlossen. Zu beachten ist allerdings, daß im Gegensatz zu Plutonium eine deutliche Abhängigkeit der Extraktionseffektivität vom Volumen der wäßrigen Phase besteht: bei 10 Vol% beträgt sie 82%, bei 34 Vol% 55% und bei 50 Vol% nur noch 36%.

Eine exakte Einhaltung der Versuchsparameter ist notwendig. Einen interessanten Anwendungsfall der ELS für Uran verdeutlicht Abb. 7: Die Abhängigkeit des meßbaren Uranpeaks, im wesentlichen vom ^{234}U verursacht, bietet die Möglichkeit, mittels α-LSC-Messung den Anreicherungsgrad von ^{235}-U zu bestimmen (s. *Sorantin* [6]).

Der Verlauf der Thoriumextraktion ergab, über die gesamte „Kanalfensterbreite" gemessen, nur Ausbeuten von 45–60%. Aus spektrometrischen Messungen geht aber hervor, daß die α-Strahlung der Thorium-Folgeprodukte einen merklichen Anteil an der Gesamtimpulsrate liefert (Abb. 8). Arbeitet man nach der Kanalfenstermethode und analysiert nur den Thorium-232-Peak, erhält man die auch in Abb. 1c dargestellten wahren Thorium-Extraktionseffektivitäten. Sie betragen beim ELS-1 und ELS-2 ca. 80 %; bei ELS-3 werden etwa 70% nach 10 Minuten Extraktionsdauer erreicht. Aus dem Thoriumspektrum in INSTA-Gel bzw. ELS-1 sowie aus der Berechnung der Impulsratendifferenz mit/ohne Kanalfenster wird ersicht-

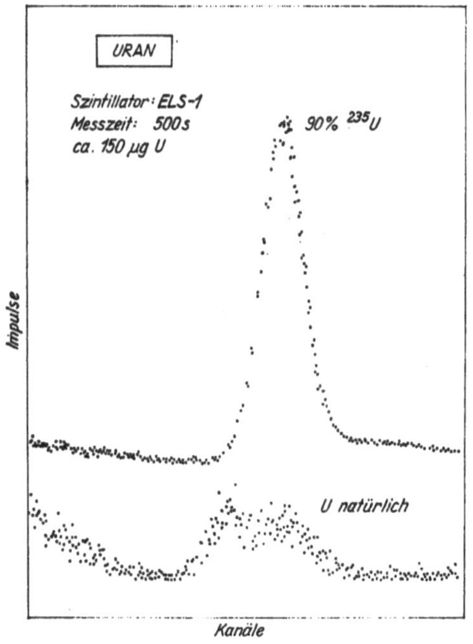

Abb. 7. Uran (angereichert) – Uran (natürlich) im ELS-1

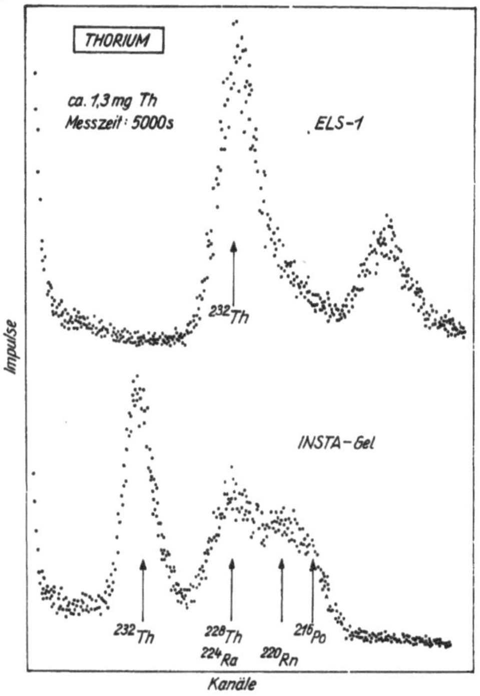

Abb. 8. Thorium im ELS-1 und INSTA-Gel

lich, daß nur ein Teil der Folgeprodukte gemäß ihrem chemischen Verhalten mitextrahiert wird.

Das Energieauflösungsvermögen für Uran bzw. Thorium wurde unter gleichen Parametern wie bei Plutonium in ELS-1 zu 20% bzw. 22% bestimmt. Mit INSTA-Gel erhält man vergleichsweise 24% für Uran und 32% für Thorium.

4.3. *Spektrenauswertung bei Nuklidgemischen*

Von den zahlreichen Varianten der Nutzung der ELS mit den relativ geringen Halbwertspeakbreiten stehen in der Praxis auch Nuklidmischungen im Blickpunkt. Die aus Abb. 9 ersichtliche Lage des Uran- und Plutoniumpeaks erlaubt es, beide nebeneinander innerhalb eines bestimmten Konzentrationsverhältnisses aus einem Summenpeak unter Verwendung eines Rechenprogrammes (Peakapproximation an symmetrischer *Gauß*-Verteilung) zu analysieren. In

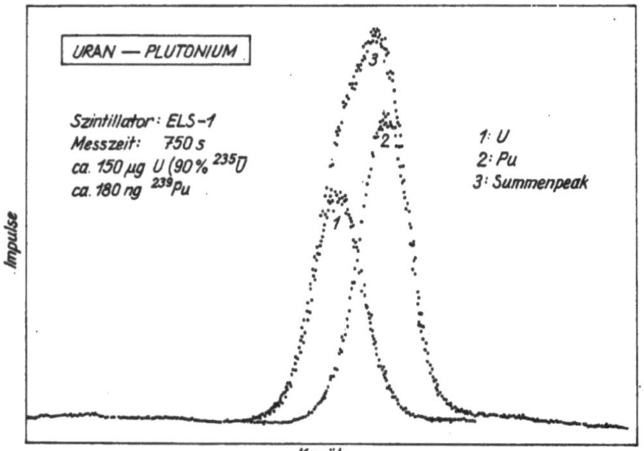

Abb. 9. Uran neben Plutonium im ELS-1

Verbindung mit chemischen Methoden der Uran-Massebestimmung wird die Auswertung erleichtert.

Die Analyse von Uran neben Thorium wäre auf Grund der geringen spezifischen Aktivität des ^{232}Th und der nicht auszuschließenden Störung durch Folgeprodukte im Uranpeakbereich sehr kompliziert. Deswegen werden beide besser getrennt extrahiert und separat nachgewiesen, wie es von *Bouwer* und *McKlveen* [19] praktiziert wurde.

Die Versuche zur Verringerung des β-γ-Untergrunde wurden mit ^{137}Cs neben Uran oder Plutonium durchgeführt. Das Aktivitätsverhältnis betrug ca. $5 \cdot 10^8$ Bq ^{137}Cs/g Uran und ca. $4 \cdot 10^8$ Bq ^{137}Cs/mg Plutonium. Nach dem Extraktionsschritt und der Abtrennung der wäßrigen Phase vom ELS-1 war es möglich, Uran oder Plutonium ohne wesentlich erhöhtem Untergrund zu messen, was z. B. in INSTA-Gel nicht möglich war.

5. Einschätzung der Leistungsfähigkeit der ELS

Die durchgeführten Experimente unterstreichen die vorteilhaften Einsatzmöglichkeiten von Szintillatorlösungen mit Extraktionsmittelzusatz. Hinsichtlich Energieauflösungsvermögen zeigen die getesteten ELS bessere Ergebnisse als INSTA-Gel bzw. Dioxan-LS. Untereinander verglichen erwies sich für den Plutonium-, Uran- und Thoriumnachweis ELS-1 auf der Basis PPO/M_2POPOP/Toluen mit HDEHP-Zusatz als der geeignetste Cocktail. Unter praktisch sinnvollen Bedingungen werden Halbwertspeakbreiten von 18% für Plutonium, 20% für Uran und 22% für Thorium gemessen. Weitere Verbesserungen lassen sich mit spezifizierten SEV [9, 12] und gerätetechnischen Anordnungen [12, 20, 21] erreichen.

Mit dem Einsatz der α-β-Diskriminierung ist die weitere Unterdrückung des störenden β-γ-Untergrundes möglich.

Eingegangen am 7. 7. 1980
Überarbeitete Fassung: 27. 10. 1980

Literatur

[1] *H. Ihle, A. Murrenhoff, H. Aulich*, JÜL-127-PC (1963)
[2] *K. Joon, P. A. Deurloo, I. A. Hundere*, KR-100 (1965)
[3] *H. Ihle, M. Karayannis, A. Murrenhoff*, in "Organic scintillation and liquid scintillation counting", ed. *D. L. Horrocks, Chin-Tzu Peng*, Academic Press, N. Y. London, 1971, S. 879ff.
[4] *J. K. Samuel, M. C. Satsangi*, BARC/I-269 (1973)
[5] *I. I. Fardy, J. M. Pearson*, J. Inorg. Nucl. Chem. **36** (1974) 671
[6] *H. Sorantin*, J. Radioanal. Chem. **3** (1969) 65
[7] *G. G. Hands, B. O. B. Conway*, Analyst **102** (1977) 934
[8] *J. C. Veselsky*, Microchim. Acta H. 1 (1978) 79
[9] *W. J. McDowell*, in: *Horrocks* ... 1971 (s. [3]), S. 937ff.
[10] *W. J. McDowell, C. F. Coleman*, CONF-740510-1 (1974)
[11] *W. J. McDowell*, CONF-741212-4 (1974)
[12] *W. J. McDowell, D. T. Farrar, M. R. Billings*, Talanta **21** (1974) 1231
[13] *J. H. Thorngate, W. J. McDowell, P. T. Perdue, D. J. Christian*, ORNL-5046 (1975) S. 72ff.
[14] *E. J. Bouwer, J. W. McKlveen, W. J. McDowell*, Nucl. Technol. **42** (1979) 102
[15] *L. B .Gorbushina, L. Y. Zhiltsova, E. N. Malveeva, N. A. Surganova, V. G. Tenyaev, V. G. Tyminsky*, J. Radioanal. Chem. **10** (1972) 165
[16] *A. Delle Site, G. Santori, S. Bazzarri*, CNEN-RT-PROT/74-23 (1974)
[17] *D. L. Bokowski*, Am. Ind. Hyg. Ass. J. **35** (1974) 333
[18] *B. B. Boecker, R. U. Jones, N. J. Barnett*, LF-56 (1976) 105
[19] *E. J. Bouwer, J. W. McKlveen*, Health Physics **34** (1978) 345
[20] *S. Saro*, Jaderna energie **23** (1977) 266
[21] *S. Saro*, Jaderna energie **24** (1978) 209

Investigation on Gas Phase Flow with Radioactive Tracer Method

W. Przybytniak, Z. Bazaniak, J. Piskorz, G. Strzelczak

(Instytut Badań Jadrowych, Warszawa)[1]

In order to define the dynamic characteristic of gas flow in the model investigations it has been suggested to use the isotope method for which ^{79}Kr as a tracer is used. For the determination of the model parameters it is a good practice to use a simple diffusion model, the characteristic of which is determined by the method of the weighted moments. Such model displays well the dynamics of gas flowing through the bed; it permits, at the same time, to describe quantitatively the mixing process and flow rate.

Keywords

diffusion models; dynamic function studies; flow rate; gas flow; krypton 79; tracer techniques

Introduction

The radioactive tracer method has found a wide application in solving various types of problems related to the flow and movement of both liquid and solid states. Merely a more extensive use of the method to define the parameters of the gas flow has faced difficulties because of the inconvenience to avail oneself of suitable tracers and apparatus.

First mentions of the gas phase flow investigations date as far back as the fifties [1, 2].

In these works mercury has been used as a tracer while the measurements were made by way of sampling using the phenomenon of ultraviolet radiation absorption of the wavelength 2537 Å.

The object to be investigated was the blast furnace, the aim of the trials — the determination of the gas flow rate in various parts of the unit. For this purpose a method has been developed employing helium as a tracer. The measurement of its concentration in gas samples has been corried out by means of a mass spectrometer [3].

Radioactive tracers have been used in a number of works alwing to determine the parameters of the gas flow in the technological installations used in the chemical industry [4—13]. In most of these as tracers inert gases have been used, of which ^{85}Kr was primarily preferred.

The autors of the paper [13] discuss the possibility of using radioactive isotopes as tracers of the gas phase and recommend ^{133m}Xe as the isotope best suited for this purpose.

Despite of a thorough analysis concerning the use of various compounds for this purpose, ^{79}Kr has been overlooked which the authors of this paper have used in the investigations carried out.

Choice of the Gas Phase Tracer

The aim of the works started on the development of a method of investigating the dynamic characteristic of the gas phase has been to use it for the determination of the gas flow in catalyst bed converters. It was thus the principal assumption to use a tracer that would rite undergo the adsorption and the mass exchange processes during flowing of the gas phase through a chemical reactor.

The energy of radiation of the tracer should enable its easy detection through the apparatus walls. From the above mentioned reason only inert gases of which some radionuclides meet the requirements demanded. Advantages and drawbacks of ^{41}Ar, ^{85}Kr and ^{133m}Xe are discussed in paper [13]. The possibilities to use ^{79}Kr were not taken into consideration although its nuclear characteriastic favours the use of this tracer not only in laboratory conditions. Furthermore, as distinct from ^{133m}Xe at the production of

[1]) Address: Ul. Dorodna 16, P — 03-195 Warszawa 91

Tab. 1. Nuclear characteristic of isotopes produced during the neutron activation of neutral krypton

Atomic mass	Content in natural com-compound, %	Cross section, barn	Isotopes after activation	Half-life	Energy fJ	γ-ray emission probability, %
78	36.4	2	^{79}Kr	34.9 h	133.9	2
					97.1	10
					81.9	15
					63.8	10
					41.8	9
82	11.6	3	^{83m}Kr	1.86 h	1.44	9
84	56.9	0.04	^{85}Kr	10.76 a	82.3	0.41
		0.1	^{85m}Kr	4.4 h	48.9	13
86	17.4	0.06	^{87}Kr	76 min	411.7	35
					136.2	16
					64.6	84

which some amounts of ^{125}I are obtained capable of causing the contamination of the dosing apparatus and installation krypton is free of such a drawback.

Krypton isotopes are obtained in sufficient quantities during irradiation of natural krypton in the nuclear reactor.

Isotope characteristic and the possibility of activation are shown in Tab. 1.

It can be seen from the data specified in Tab. 1 that the best measurement properties has ^{79}Kr.

By activating 1 litre of natural krypton in the neutron flux 5×10^{13} n/cm^2 for about 100 hours one can obtain 2.6 GBq ^{79}Kr and about 37 MBq ^{85}Kr. The irradiation of gasoeus krypton is accomplished in special aluminium ampoules of capacity 45 cm^3. The container holds about 2 l of gas at pressure 40 atm. Depending on the size of the object investigated and assumed activity of the tracer the gas in the container can be divided into several portions.

Model investigations

This method was used during the investigations carried out on reactor model filled with catalyst the diagram of which is shown in Fig. 1.

In the course of the measurements made the flow of air through the reactor varied from 0.5–1.5 m/s (calculated on empty reactor).

The purpose of these investigations has been the verification of the method, the measurement of the RTD as well as the selection of a mathematical model describing possibly most faithfully the gas flow through the reactor.

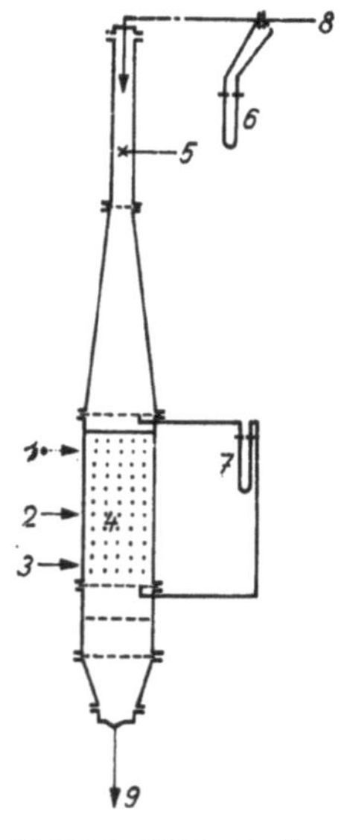

Fig. 1. Diagram of the experimental reactor model
1, 2, 3 – probes; 4 – bed; 5 – injection point; 6 – flow measurement; 7 – pressure drop measurement; 8 – gas inlet; 9 – gas outlet

The dosing was accomplished directly from the pressure containers holding the radioactive gas. The tracer is introduced centrally through a special nozzle into the stream of flowing gas. High linear speeds of the gas phase in the reactor require the applications of the highly sensitive apparatus during specialized measurements.

Scintillating probes placed three in one plane lead collimators have been located at two measurement levels shown in Fig. 1. Such disposal of the detectors helps to follow

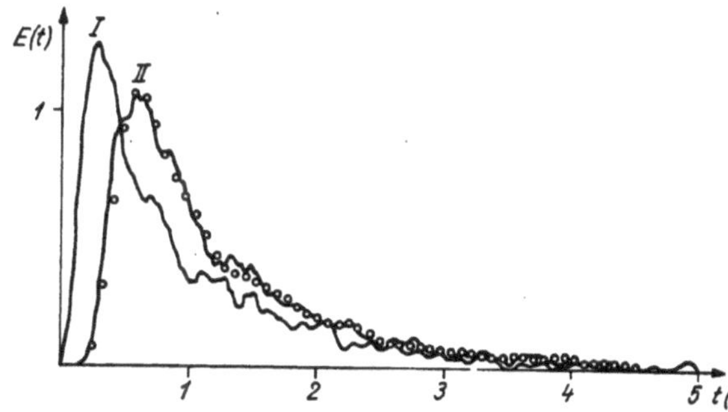

Fig. 2. RTD curves describing air flow through a model reactor bed and response curve to the input impulses from mathematical model

possible changes in the velocity profile of the gas flowing through the bed.

To determine the gas linear velocity probes have additionally been placed throughout the not filled segment.

All the detectors were connected with the multichannel analyzer type Plurimat cooperating with the Multi 20 computer (Intertechnique). The results of one of the measurements in the form of curves describing the activity changes as a function of time are shown in Fig. 2 as an example.

A full time of one curve recording is about 5 s.

Choice of a Model Describing the flow of Gas through the Reactor Bed

For the mathematical description of the gas flow dynamics through a bed a diffusion model has been used. Generally the value of the parameters of this model permits to characterize the flow of phase through the bed, the mixing processes and the mass exchange encountered between theme.

In considering merely the movement of the fluid throughout the segment of the filled tabular reactor the model equation takes the form:

$$\frac{\partial c}{\partial \theta} + \frac{\partial c}{\partial x} - \frac{1}{Pe}\frac{\partial^2 c}{\partial^2 x} = 0 \qquad (1)$$

The solution of the equation in the case of the impulse introduction of tracer [14] at boundary conditions

$$C/\infty,\ \theta/ = \text{determined}$$
$$C/\infty,\ \theta/ = \text{determined} \qquad (1\text{a})$$

and initial

$$C/X, \quad 0/ = 0 \qquad (1\text{b})$$

is expressed by the relation:

$$C(\theta) = \frac{1}{2}\left(\frac{Pe}{\pi\theta}\right)^{1/2} \exp\left[\frac{Pe}{4}\frac{(\theta-1)^2}{\theta}\right] \qquad (2)$$

One of the methods of calculating the parameters of the assumed mathematical model of the gas flow is the relation of the model parameters to the statistic moments of the RTD [15]. The moment of the n-th order of the normalized curve $C(t)$ is described as follows:

$$M^{n,s} = \int_0^\infty C(t) \exp(-st)\, t^n \,dt \qquad (3)$$

The model transmittance being the ratio of the transforms of the input and output RTD curves in the *Laplace* transformation domain and its derivative of the n-th order take the form:

$$F = \frac{\overline{C}_0(S)}{\overline{C}_i(S)} \tag{4}$$

$$\frac{d^n}{ds^n}\left|\frac{F'}{F}\right| = \frac{d^n}{ds^n}\left|\frac{\overline{C}'(S)}{\overline{C}(S)}\right|\Bigg|_i^0 \tag{5}$$

For the diffusion model at boundary conditions described by equation (1 a) the transmittance takes the form:

$$F(s) = \exp\left[\frac{Pe}{2}\left(1 - \sqrt{1 + \frac{4s\tau}{Pe}}\right)\right] \tag{6}$$

The Pe and τ parameters of the model can be described by the following relationship:

$$\ln F = \ln M^{0,s}\Big|_i^0 = \frac{Pe}{2}(1 - q) \tag{7}$$

$$\frac{F'}{F} = \frac{M^{1,S}}{M^{0,S}}\Big|_i^0 = \frac{\tau}{q} \tag{8}$$

$$\frac{F''}{F} = \left(\frac{F'}{F}\right)^2 = \frac{M^{2,S}}{M^{0,S}} - \left(\frac{M^{1,S}}{M^{0,S}}\right)^2\Big|_i^0 = \frac{2\tau^2}{Peq^3} \tag{9}$$

where:

$$q = \left(1 + \frac{4s\tau}{Pe}\right)^{1/2} \tag{10}$$

Substituting

$$U_0 = \ln F \tag{11}$$

$$U_1 = -\frac{F'}{F} \tag{12}$$

$$U_2 = \frac{F''}{F} - \left(\frac{F'}{F}\right)^2 \tag{13}$$

and calculating from equations (3) the value $M^{0,S}$, $M^{1,S}$ and $M^{2,S}$ one gets from the first and zero order moments:

$$Pe = \frac{U_0(U_0 + 2sU_1)}{U_0 + sU_1} \tag{14}$$

$$\tau = -\frac{U_0U_1}{U_0 + 2sU_1} \tag{15}$$

from the second, first and zero order moments:

$$Pe = \frac{2U_1^2}{U_2}\left(1 - \frac{2sU_2}{U_1}\right)^{1/2} \tag{16}$$

$$\tau = U_1\left(1 - \frac{2sU_2}{U_1}\right)^{1/2} \tag{17}$$

The response of the system to any input signal can be described by calculating the convolution integral of the input function and the impuls response of the system.

$$y(t) = \int_0^t h(\lambda)\, x(t - \lambda)\, d\lambda \tag{18}$$

Taking advantage of this relationship a model response $Y(t)$ of the system to the input signal in the form of the RTD curve recorded by the probe in the measurement plane I (Fig. 1) has been determined.

Through transition to the discreet approximation of the model function of the response, the relationship (16) can be written as:

$$Y(t) = \sum_{\lambda=1}^{t} h(\lambda)\, x(t - \lambda)\, \Delta\lambda \qquad \lambda = 1, 2, \ldots, t \tag{19}$$

The value of the function $h(\lambda)$ is evaluated from equation (2) by substituting into it the parameters of the diffusion model the *Peclet* number and the mean residence time have previously been determined from the relationship (16 and 17). The first approximation of the RTD curves recorded by the probes in the measurement plane II (Fig. 1) of the function $y(t)$ is done for the values of the *Laplace* transformation parameter $S = S_{opt}$ [14] where:

$$S_{opt} = \frac{2(kav + 1)}{\tau_i + \tau_0 - \Delta t_D} \tag{20}$$

Then, changing the parameters S by the value of the step ΔS it is possible to find such matching for which the value of the approximation error defined as:

$$K = \left(\frac{\sum_{i=1}^{t}[y_M(t_i) - y(t_i)]^2}{N - 1}\right)^{1/2} \tag{21}$$

attains its minimum.

In case of the investigations carried out on a model system the minimum approximation error has been obtained for $S = A \times S_{opt}$ where $A = 0{,}8 \div 1{,}4$.

To illustrate the above method of the interpretation of measurement data Fig. 2 shows an experimental curve and a calculated curve obtained by means of the model suggested.

It can be seen from a comparison of both curves that the model used for the interpretation describes well the gas flow process through catalyst bed.

Received October 29, 1980

References

[1] *H. W. Hosking, W. O. Philbrook, N. B. Melcher,* Transactions of the American Institut of Mining Engineering (AIME) 215 (1959) 96

[2] *Ł. A. Bialyj, A. P. Kotow,* Stal 1965, 201

[3] *P. Ł. Gruzin, W. N. Afanasjew, S. W. Ziemskij, S. N. Fiedorow,* świad. autorskie 125904, Biul. Izobretienyj Nr 3 (1960) 29

[4] *R. H. Benson, R. L. Mante,* Process gas flow measurements with radioactive xenon-133, Oak Ridge Radioizotopes Conference, April 1963

[5] *B. A. Fries,* Int. J. Appl. Rad. Isotopes 13 (1962) 277

[6] *C. G. Clayton,* Brit. J. Appl. Phys. 14 (1963) 790

[7] *B. A. Fries, D. E. Hull,* Trans. Amer. Nucl. Soc. 7 (1964) 349

[8] *P. Johnson,* Panel of Ind. Appl. Radioisozope Tracers, Helsinki 1966

[9] *P. L. Gvavit, B. G. Hotes,* U.S. Patent 3.746.861, 1973

[10] *D. Anderson, R. Caldwel,* Britisch patent 1.315.231, May 1973

[11] *J. C. Turner,* Chem. Eng. Sci. 26 (1971) 549

[12] *F. B. Nauman,* Chem. Eng. Sci. 20 (1974) 1883

[13] *R. Otto, P. Hecht, H. Urlich* Isotopenpraxis 14 (1978) 120

[14] *A. S. Anderssen, E. T. White,* Chem. Eng. Sci. 26 (1971) 1203

[15] *M. L. Michelsen, K. Ostergaard,* Chem. Eng. Sci. 25 (1970) 583

Sublimation Technetium Generator from PbO + MoO_3 Eutectic Mixture

V. Macháň[1]), *M. Kalinčák*[2]), *Š. Vilček*[3])

([1])Institute of Radioecology and Applied Nuclear Techniques, Košice; [2])Department of Medical Chemistry; [3])Department of Pharmacology, Faculty of Medicine, Šafarik University, Košice)

The paper deals with the development of the technetium sublimation generator based on PbO + MoO_3 eutectic mixture to be used directly in centres of nuclear medicine. The generator offers approximately 5500 MBq ^{99m}Tc on first exploitation day. The ^{99m}Tc yield is about 65%. The separation lasts 60 minutes at 680 °C temperature. Technetium is obtained in form of sodium pertechnetate in saline. The generator allows radioactivity of ^{99}Mo of low specific activity to be processed.

Keywords

eutectics; isotope production; lead oxides; molybdenum oxides; radioisotope generators; sublimation; technetium 99m

Introduction

Application of eutectic mixtures consisting of molybdenum trioxide and oxides of some metals has, in the sublimation method of obtaining ^{99m}Tc, undeniable advantages over separation methods from pure $^{99}MoO_3$. Repeatedly high yields of ^{99m}Tc are obtained at reduced temperature, thus preventing $^{99}MoO_3$ from being carried away, which makes itself felt positively in radiochemical purity in the separated technetium [1]. The most convenient is the PbO + MoO_3 mixture which can be irradiated in form of inactive cooled smelt in the nuclear reactor [2].

Experimental set up with the boat to verify this separation procedure [1] is, however, not convenient for the practical type of technetium-99*m* generator.

The paper describes the development of the sublimation technetium generator based upon eutectic PbO + MoO_3 mixture for direct use in nuclear medecine centres.

Experimental Part

The Choice of ^{99}Mo Activity

In designing the generator a most important question arose, i.e. of nominal ^{99}Mo activity. In view of the fact that technetium generator was being developed for direct use in hospitals it was believed that the generator ought to offer about 5500 MBq ^{99m}Tc on first day of exploitation. Considering about 70% yield it should correspond to approximately 7500 MBq of ^{99}Mo activity. The latter can be reached by irradiating 2·5 g of eutectic PbO + MoO_3 mixture in a five day cycle of irradiation and three days of cooling by neutron flux about 3×10^{13} n/cm^{2}s. Therefore, 2.5 g was chosen as the starting amount of the eutectic mixture.

From the practical point of view it would not be convenient to irradiate pieces of cooled smelt with PbO + MoO_3, weight 2·5 g, as there would also be varying ^{99}Mo activity due the varying output of the reactor. It is therefore more convenient to irradiate smaller pieces, weight 0·5 — 1·0 g. By their combination approximately the same ^{99}Mo activity can be reached regardless of the varying reactor output in course of irradiation.

Preparation of Pieces of Eutectic Mixture

A larger amount of eutectic mixture, prepared by mixing 31% of powdered lead oxide and 69% of powdered molybdenum trioxide, is melted in muffle furnace at 680 °C. By means of graduated vessel (stainless) the smelt is taken and quickly placed in another vessel containing water. Due to radical cooling down the smelt will diminish its volume and be separated from the graduated vessel. The size of the graduated vessel will therefore determine the amount of the eutectic mixture. On drying, the pieces of the mixture are ready to be irradiated.

Another procedure lies in melting the eutectic mixture in a quartz tube, which, after being taken out of the furnace, is inclined so that the smelt is spread all over the test-tube walls and the smelt will cool down immediately. The cooled smelt is then broken to pieces of necessary size.

Apparatus to Separate ^{99m}Tc

As mentioned, the sublimation set up with the boat is not very convenient for the practical type of the generator for two reasons. Filling the boat with eutectic mixture and its insertion into the apparatus is linked up with irradiation

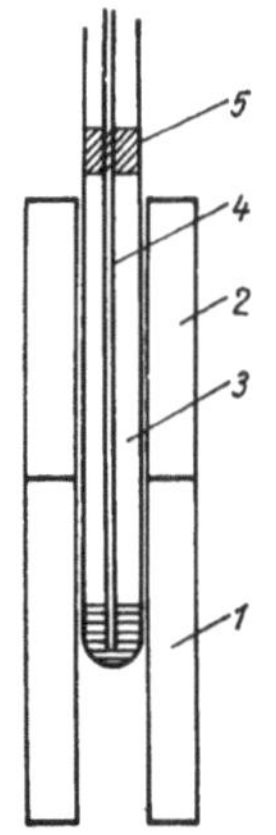

Fig. 1. Experimental equipment to separate ^{99m}Tc from PbO + MoO_3 eutectic mixture

[1]) Address: Komenského 9, Box A-41, 040 61 Košice, Czechoslovakia

risk, the second reason being that in order to obtain a "thin layer" of the smelt in the boat [1] using 2·5 g eutectic mixture would necessarily result in having to use a larger boat, which in its turn, would necessitate a set up of larger size.

Therefore a new experimental set up was designed and tested (see Fig. 1). It consists of two circular furnaces 1 and 2, closely adjacent to each other, placed in vertical position. A quartz test-tube 3 is inserted into the furnaces, 2·5 g of radioactive eutectic mixture being placed at the bottom of the test-tube. Tubing 4 is inserted into the test-tube; the tubing is ended above the test-tube bottom 3 serving as oxygen inlet.

Stages of Technetium-99m Separation

Three pieces of radioactive eutectic mixture were placed into the quartz tube 3, mass approximately 2·5 g. The two furnaces were then switched on, the melting temperature of the eutectic mixture in furnace 1 was reached in 15 minutes. After twenty minutes passed since the furnaces were switched on, oxygen inlet (flow 40 ml/min) was connected, bubbling through the smelt. After some time of bubbling through the smelt the oxygen flow was stopped and the furnaces were switched off. The separated technetium was condensed in region 5. The temperature characteristics in the furnaces, between the 15th minute since they were switched on up to the moment when were switched off, is given in Fig. 2.

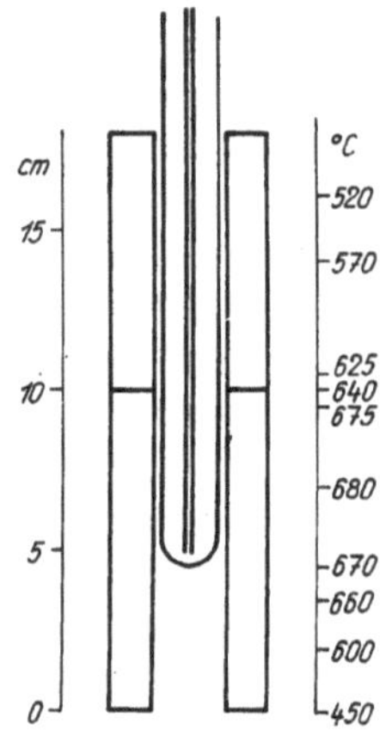

Fig. 2. Temperature distribution in the furnaces after melting point of the eutectic mixture has been reached

Tab. 1 contains average ^{99m}Tc yields from five separations repeated after 24 hours at various bubbling periods of the smelt. The table also reveals that prolonged bubbling of the smelt involves increased ^{99m}Tc yields.

Tab. 1. ^{99m}Tc yields at various bubbling periods of the smelt

Bubbling period of the smelt with oxygen, min	15	30	60
Yield of ^{99m}Tc %	46·7	57·4	67·0

Dynamic Formation of the "Thin Layer" Smelt

During oxygen bubbling the smelt is being carried off towards furnace 2 and runs freely down the test-tube walls reaching the bottom. In this way the thin layer of the smelt is constantly being reduced on the test-tube walls where from, in its turn, technetium is liberated. The amount of the liberated technetium is, on the one hand, a function of the oxygen flow size (without oxygen bubbling technetium will not be liberated), and, on the other hand, it is the function of the bubbling time. ^{99m}Tc yield in the separation process can thus be increased by increasing the oxygen flow-rate or by prolonging the separation period. The prolongation of the separation period is, however, from the practical point of view, not suitable. The increase of the thin layer of the smelt by increasing the oxygen flow-rate has one limiting factor linked up with the design of furnace 1. As flow increases the smelt keeps on getting higher towards furnace 2 (see Fig. 2), which is heated to a lower temperature than the melting point of the eutectic mixture so that, at a given limit oxygen flow, the smelt will start to solidify in the joint region of the furnaces forming rings. In our arrangement this phenomenon was observed during 50 ml/min oxygen flow. The size of the thin layer is thus limited by the size of the inner surface of test-tube 3, which is heated to a higher temperature than the melting point of the eutectic mixture.

Suggestion how to Design a Sublimation Technetium Generator

The design of the generator can be seen in Fig. 3. It consists of two resistance furnaces 1 and 2, closely adjacent to each other, and of the actual quartz unit considering of two parts 3 and 4. The lower part of the quartz unit 3 has a tubing sealed in to let in oxygen; the tubing terminates into the smelt of eutectic mixture 5. The upper part of the unit 4 serves to trap the separated technetium which condenses in region 6.

Stages of packing the generator with radioactive eutectic mixture: The lower part of the quartz unit 3 is placed in furnace 1 and an insulating tubing for oxygen is connected. Through the narrowed neck pieces of radioactive eutectic mixture are poured into the quartz part 3. On furnace 1 is placed furnace 2 and the condensatioin part of the unit 4 is mounted on the neck of the quartz part with a polyethylene tubing.

Stages of technetium separation: At the same time electric resistance furnaces 1 and 2 are switched on. After 15 minutes, i.e. when the eutectic mixture melts, the oxygen flow is adjusted and the smelt is allowed to bubble through for 30 minutes. Then oxygen flow is stopped and the two furnaces are switched off.

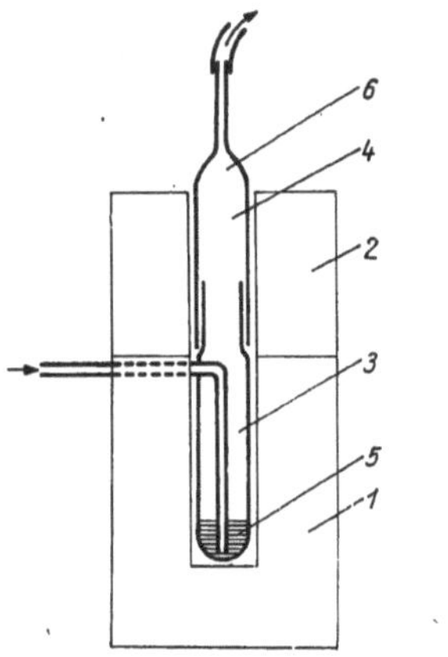

Fig. 3. Design of technetium generator

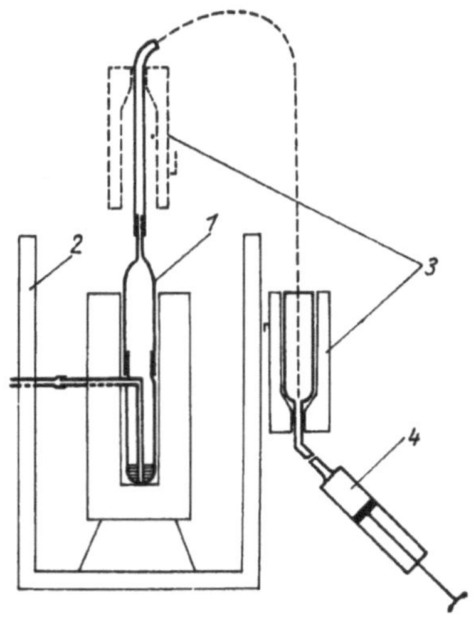

Fig. 4. An overall schematic presentation of the sublimation technetium generator

Conversion of the distilled technetium into solution (see Fig. 4): Five minutes after the furnaces have been switched off a shielding lead vessel 3 is monted on the polyethylene tubing; the upper part of the condensation apparatus 1 is drawn into the mentioned shielding vessel 3. Then the vessel 3 and the condensation part of the apparatus 1 is hung up at the side of the leaden shielding jacket of the generator 2. After the syringe 4 has been connected, technetium is converted into solution by multiple extrusion and sucking of saline.

Discussion

At present medical science makes use of ^{99m}Tc which is obtained from three types of technetium generators. The most widely used is the chromatographic generator from which ^{99m}Tc is obtained by elution with saline. The disadvantage of this type of generator is direct dependence of specific //Mo activity coated on to the column upon the volume activity of the obtained technetium solution. To reach sufficiently high volume activity of ^{99m}Tc a high specific ^{99}Mo activity is necessary which can be obtained by irradiation within the reactor of high neutron flux.

On the other hand, the advantage of extraction and sublimation generators is the possibility of using ^{99}Mo of low specific activity. It must be mentioned, however, that to obtain technetium from these generators is undoubtedly more complicated and exacting; therefore the said generators were practically used only as central generators with subsequent technetium delivery to individual centres of application [3].

The designed sublimation technetium generator based on PbO + MoO_3 eutectic mixture [4] is not so exacting as far as service is concerned, which allows its use directly in consumation centres. Unlike the chromatographic type of the generator, which is supplied as a compact unit, the sublimation type allows the building system, i.e. contains parts in constant exploitation (resistance furnaces, oxygen bottle, the shielding of the generator) and exchangeable parts (sublimation quartz vessel, unit for collecting technetium, saline, syringes). Simple packing of the generator with radioactive eutectic mixture and its finishing in the consumer's centre allows radioactive mixtures to be supplied separately in a leaden container. Disadvantage, in its turn again, of the described generator is a relatively long time, since the beginning of the separation, to obtain the ^{99m}Tc solution and a somewhat lower separation yield.

Acknowledgement

We are grateful to Miss *Eva Kmeť ová* for technical assistance

Received October 29, 1980

References

[1] *V. Machàň, Š. Vilček, M. Kalinčák,* Technetium-99*m* sublimation from molybdenum trioxide eutectic mixtures, J. Inorg. Nucl. Chem. (In press)

[2] Patent ČSSR 187898. *V. Machàň, M. Kalinčák, Š. Vilček,* The method of preparing molybdenum target for technetium generators, 9. 2. 1977

[3] *R. E. Boyd,* Recent developments in generator of ^{99m}Tc. In: Radiopharmaceuticals and labelled compounds. Vol. 1, IAEA, Vienna 1973, pp. 3 – 26

[4] Patent ČSSR 187 899. *V. Machàň, Š. Vilček, M. Kalinčák,* Distillation method of preparing pure technetium, 9. 2. 1977

Новые Алгоритмы и цепи обработки импульсных сигналов в Радиоизотопных приборах

В. Антоняк, Л. Гонсёровски, Е. Яшук, Т. Квасневски

(Институт ядерных исследований, Варшава, Отделение ХУА, Аппаратуры и Изотопных Методов)[1]

Описаны три новых алгоритма и новые электронные блоки, предназначенные для их реализации. Статья состоит из трех частей. В первой части описаны блоки стабилизации усиления импульсного радиометрического тракта со сцинтилляционным детектором. Представленные стабилизаторы усиления регулируют высокие напряжения фотоумножителя в соответствии с сигналами, образованными разностью частоты двух последовательностей импульсов из двух амплитудных дискриминаторов.
Во второй части описан цифровой фильтр случайной последовательности импульсов, действующий в реальном масштабе времени. Дисперсия частоты последовательности импульсов, проходящей через фильтр, получается уменьшенной. Изложена принципиальная схема фильтра, принцип действия и описаны его основные свойства.
В третьей части описаны импульсные устройства позволяющие осуществить полиномную линеаризацию функции шкалы радиоизотопных приборов. Изложена принципиальная схема линеаризатора, принцип работы и метод программирования.

Keywords

algorithms; digital systems; electronic circuits; electronic equipment; electronic filters; radiometric instruments; scintillation counters

1. Блоки стабилизации усиления в радиометрических измерительных трактах с фотоумножителями

Концепция применения схем стабилизации усиления фотоумножителей вызывает большой интерес с научно-технической точки зрения и уже несколько лет интенсивно развивается. Существует целый ряд описаний стабилизирующих схем, отличающихся между собой:

а) выбором метода получения опорного сигнала,
б) способом и местом применения корректирующего воздействия,
в) выбором функционально-схемного решения.

Изложение основных математических соотношений для различных стабилизирующих схем можно найти в литературе [1, 3—6]. В настоящей статье дается описание двух схем стабилизации усиления фотоумножителей и проводится их обсуждение с точки зрения критерия (в). Эти стабилизаторы приспособлены в настоящее время к взаимодействию с зондами содержащими пластиковые сцинтилляторы в спектрах которых отсутствуют отчетливые пики. Опорные сигналы создаются как разность частоты двух последовательностей импульсов, образованных определенными комбинациями сигналов, амплитуды которых превышают два соответственно установленных порога дискриминации.

Изображенная на рис. 1 схема стабилизатора усиления фотоумножителей представляет собой конвенциональное решение, характеризующееся стремлением к правильной проектировке всех тех точек схемы, в которых происходит формирование сигнала отклонения. Применена быстрая схема воспроизведения опорного (нулевого) уровня на входах дискри-

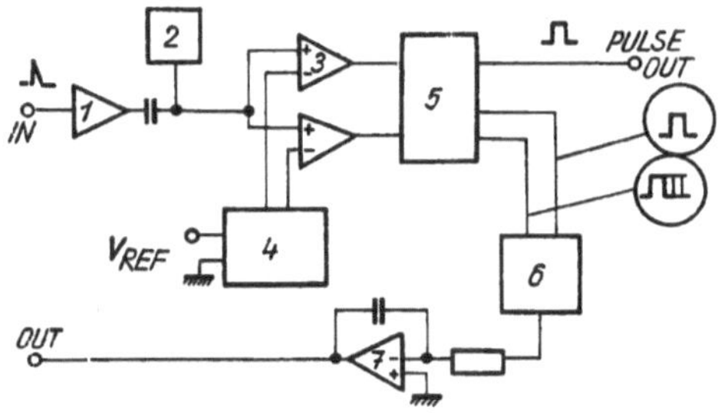

Рис. 1. Схема стабилизации усиления фотоумножителей типа PSW-02

1 — импульсный усилитель; 2 — схема воспроизведения опорного уровня; 3 — дискриминаторы амплитуды; 4 — схема поляризации порогов; 6 — блок логического управления; 6 — дифференциальный, усредняющий преобразователь ток-напряжение; 7 — интегратор напряжения

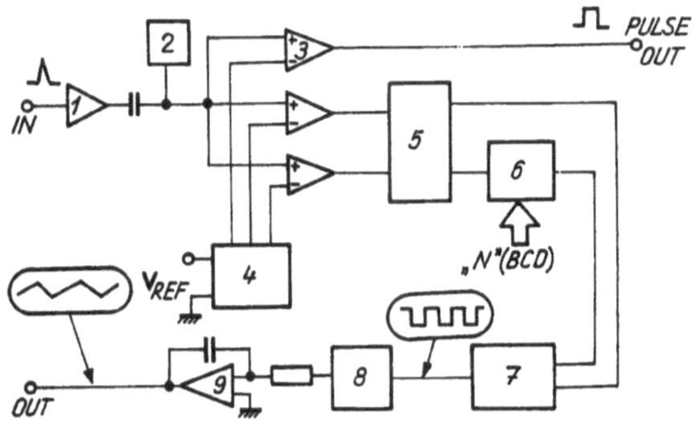

Рис. 2. Схема стабилизации усиления фотоумножителей типа PSW-06

1 — импульсный усилитель; 2 — схема воспроизведения опорного уровня; 3 — дискриминаторы амплитуды; 4 — схема поляризации порогов; 5 — блок логического управления; 6 — делитель „модуло Н“; 7 — цифровой компаратор средних частот повторения двух последовательностей импульсов; 8 — схема согласования уровней; 9 — интегратор напряжения

[1]) Адрес: 03-195 Варшава, улица Дородна 16, Польша

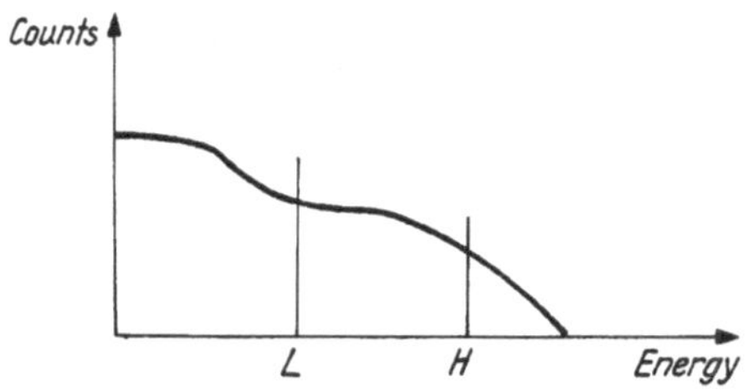

Рис. 3. Типичный дифференциальный спектр, генерируемый большим пластиковым сцинтиллятором

минаторов амплитуды, предотвращающая возникновение флуктуации среднего напряжения на входах дискриминаторов, в результате изменения средней частоты повторения импульсов, а также спроектирована схема поляризации порогов дискриминации дискриминаторов, характеризующаяся большой стабильностью и малыми выходными сопротивлениями, устраняющими дрейф порогов, вызванный изменениями входных токов дискриминаторов типа μA 710. Обычно применяемые диодные вентили заменены прецизионным, дифференциальным, усредняющим преобразователем ток — напряжение. Блок логического управления обеспечивает возможность создания сигнала отклонения как разности (рис. 3):

$$W_L - \alpha(W_L - W_H) \quad \text{или} \quad W_L - \alpha W_H \tag{1}$$

где:

W_L — частота повторения импульсов, амплитуда которых выше нижнего порога.

W_H — частота повторения импульсов, амплитуда которых выше верхнего порога,

α — коэффициент компенсации, полученный путем удлинения сигналов W_H.

Выходной сигнал стабилизатора может использоваться для управления высоковольтным напряжением фотоумножителя, или же для управления изменениями коэффициента усиления регулируемого усилителя.

В состав схемы стабилизации коэффициента усиления фотоумножителей, изображенной на рис. 2, входит тоже цепь воспроизведения опорного уровня на входах дискриминаторов и цепь поляризации порогов. Блок логического управления обеспечивает создание сигнала отклонения являющегося разностью (рис. 3):

$$W_H - \frac{W_L}{N}; \quad (W_L - W_H) - \frac{W_L}{N}$$

$$\text{или } W_H - \frac{W_L - W_H}{N} \tag{2}$$

где:

W_L и W_H — как в схеме изображенной на рис. 1,
N — коэффициент деления счетика ,,модуло N''.

Сигнал разности частот двух последовательностей импульсов подается на входы цифрового компаратора средних частот, который сравнивает средние частоты повторения импульсов на двух входах, и в зависимости от того, на котором из входов частота выше, генерирует логический сигнал ,,1'' или ,,0''. Пример схемы компаратора частот, в которой применены дифференциальные счетчики типа SN 74192(193) фирмы Texas Instruments, изображен на рис. 4.

Выходной сигнал компаратора частоты имеет вид прямоугольных импульсов, причем скважность выходного сигнала пропорциональна величине сигнала отклонения. Интегратор напряжения преобразовывает величину скважности в пилообразный (треугольный) сигнал, средний уровень которого пропорционален величине сигнала отклонения.

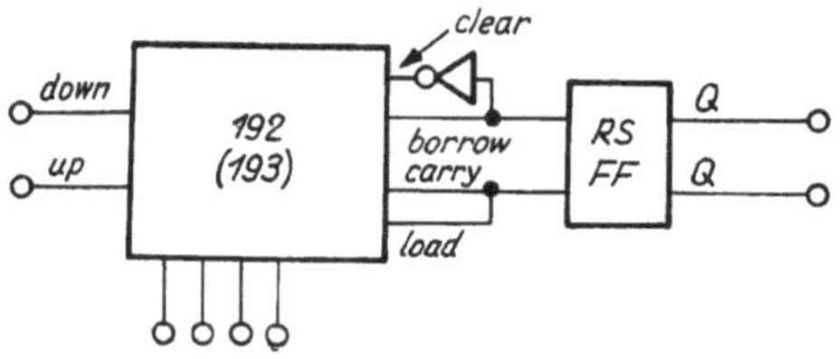

Рис. 4. Цифровой компаратор средних частот повторения двух последовательностей импульсов

2. Цифровой фильтр случайных импульсов, работающий в реальном масштабе времени

В целом ряду радиометрических устройств полезным выходным сигналом является величина, возникающая в результате интеграции нормализованных по амплитуде импульсов от детектора излучения. Интегратор выполняет в этих устройствах роль преобразователя входных импульсов в непрерывный сигнал, и одновременно является фильтром нижних частот, подавляющим случайность импульсного процесса, поступающего на его вход.

В дальнейшем происходит обработка непрерывного аналогового сигнала. В приборах собранных по цифровой технике, импульсы от детектора излучения считываются с целью плучения информации о их средней частоте. Возникшее в процессе периодического счета число используется для дальнейшей цифровой обработки.

Предлагаемый авторами фильтр обеспечивает, во первых, преобразование последовательности случайных, нормализованных по амплитуде, импульсов от детектора, в последовательность с уменьшенной случайностью (промежутки между импульсами становятся более регулярными, близкими среднему промежутку между импульсами, поданными на вход фильтра), и во вторых, преобразование в двойчное число, соответствующее частоте импульсов на выходе фильтра. Такое действие аналогично фильтрации аналоговых сигналов с помощью фильтров нижних частот за счет введения инерции, и следовательно, ухудшения динамических параметров.

Нормализованные по амплитуде импульсы от детектора излучения образуют элементарные приращения входного сигнала. Аналоговый сигнал на выходе фильтра нижних частот (интегратора) изображен на рис. 5.

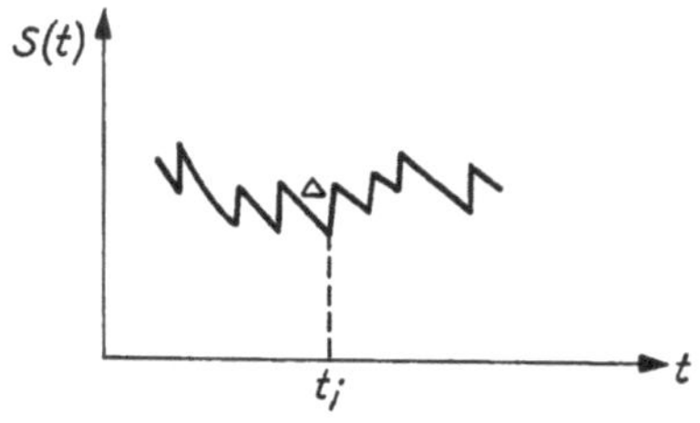

Рис. 5. Непрерывный аналоговый сигнал на выходе интегратора

Выходной сигнал $s(t)$ после подачи на вход последовательности случайных импульсов от детектора, можно представить в следующей математической форме [10]:

$$s(t) = \sum_i \Delta h(t - t_i) \quad (3)$$

где:

- $h(t)$ — импульсная характеристика фильтра,
- t_i — случайная величина с равномерным спектром,
- Δ — приращение выходного сигнала, вызванное одиночным импульсом.

Цифровая схема, осуществляющая действия, записанные в управении (3), изображена на рис. 6.

Каждый входной импульс, поступающий в момент t_i приводит к тому (посредством управляющей схемы *US* на рис. 6), что на вход сумматора (*S* на рис. 6) вводится постоянное число Δ. Сумма выходного числа $s[t_{i(-)}]$ непосредственно перед появлением импульса t_i и приращения Δ образует число $a[t_{i(+)}]$, которое подается на вход генератора импульсного ответа, который генерирует импульсный ответ (GOI на рис. 6) начиная с исходного значения $a[t_{i(+)}]$.

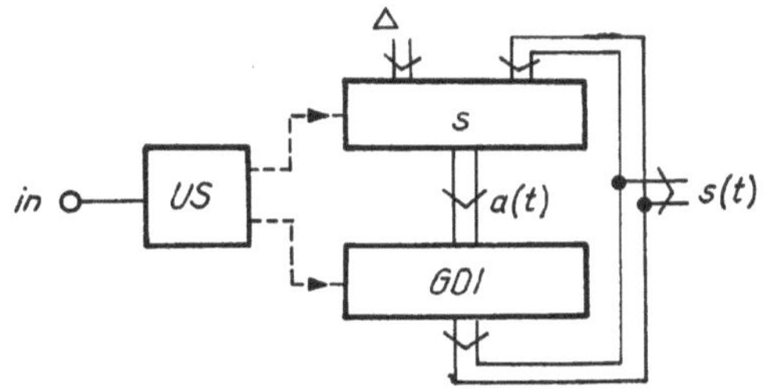

Рис. 6. Блок-схема фильтра

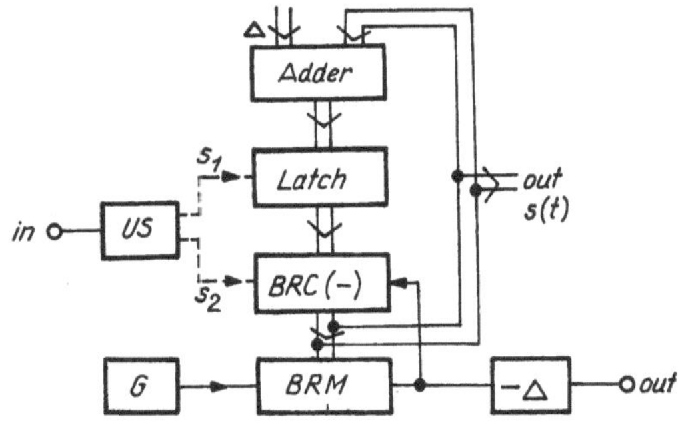

Рис. 7. Упрощенная блок-схема цифрового исполнения фильтра

Способ технического осуществления схемы фильтра нижних частот первого ряда рассмотрим пользуясь рис. 7. Генератор импульсного ответа собран в виде схемы с обратной связью с использованием реверсивного счетчика BRC. Генератор обеспечивает ответ в виде частоты импульсов уменьшающейся по экспоненциальному закону, что соответствует схеме фильтра нижних частот первого ряда. Каждый входной импульс вызывает генерирование управляющей схемой *US*, последовательности двух импульсов s_2 и s_1. Первый из этих импульсов (s_1) вызывает запоминание числа с выхода сумматора Adder, в триггерах типа Latch. Второй управляющий импульс (S_2) вводит состояние из входа дифференциального пересчетного устройства BRC на его выход, вызывая одновременно уменьшение числа $s(t)$ по экспоненциальному закону начиная с нового, заданного значения. На вход делителя BRM подаются периодические импульсы от генератора G. С выхода делителя импульсы подаются на вход считывания вниз реверсивного счетчика BRG и на выход схемы, после предварительного деления на Δ.

Пусть λ будет средней частотой импульсов, поступающих на вход фильтра. Среднее значение числа $s(t)$ на параллельном выходе в установившемся состоянии равно:

$$\bar{s}(t) = \lambda \Delta P / f_0 \quad (4)$$

где:

- λ — средняя частота входных импульсов
- Δ — постоянная вводимая на вход сумматора
- P — полная емкость счетчика BRC и делителя BRM
- f_0 — частота периодических импульсов от генератора G.

Средняя частота импульсов из последовательного выхода равна:

$$f_\lambda = \lambda \quad (5)$$

Постоянная времени τ схемы цифрового фильтра, рассматриваемого как аналоговый фильтр первого порядка, может быть определена на формуле:

$$\tau = \frac{P}{f_0} \quad (6)$$

Установление во времени выходного сигнала происходит — как в аналоговых схемах — после времени, являющегося многократностью постоянной времени τ.

Дисперсия процесса с выхода или параллельного цифрового фильтра, отнесенная к дисперсии процесса с выхода аналоговой схемы, характеризующейся тойже постоянной времени, равна:

$$\frac{\sigma_c^2}{\sigma_A^2} = \frac{1 + \Delta}{\Delta}; \qquad \sigma_c^2 > \sigma_A^2 \quad (7)$$

где:

- σ_c^2 — дисперсия процесса с выхода представленной схемы фильтра,
- σ_A^2 — дисперсия процесса с выхода аналогового фильтра, характеризующегося той-же постоянной времени.

Модель фильтра выполнена на интегральных схемах серии ТТЛ малого и среднего уровня интеграции. Результаты основных исследований, которые будут представлены в отдельной статье, подтверждают данные, полученные теоретически (формулы от (4) до (7)). На рис. 8 в качестве иллюстрации работы фильтра, показано сравнение последовательности случайных импульсов, поданных на вход и снятых с выхода фильтра.

Достоинством представленной схемы фильтра является то, что она не требует пробируемого (считываемого — в радиометрических устройствах) входного сигнала, а выходной сигнал не является последовательностью периодически изменяющихся чисел. Выходное число и соответствующая ему выходная частота зависят от каждого импульса, поданного на вход фильтра. Это отступление от техники конструирования классических цифровых фильтров позволило значительно упростить техническую сложность, и избежать ряда проблем, связанных с моделированием фильтра [10—12].

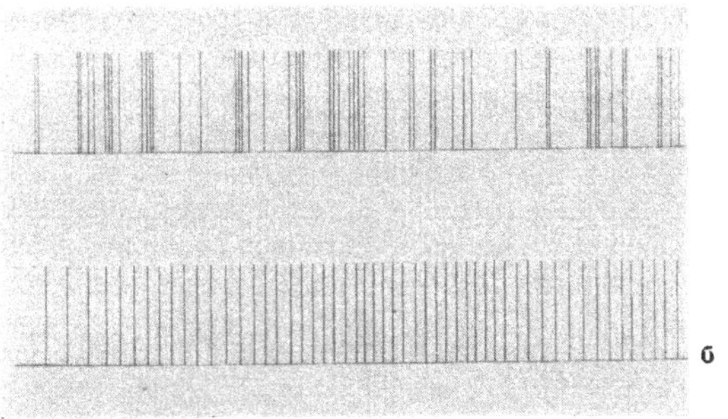

Рис. 8. Иллюстрация работы фильтра
а) входной процесс; б) выходной процесс

Применение описанного фильтра позволит ввести в радиометрический тракт собранный по цифровой технике промежуточное звено, устраняющее, в зависимости от постоянной времени, случайный характер измеряемого процесса. Если рассматривать детектор излучения и описанный фильтр совместно как измерительный датчик, тогда цифровой сигнал с выхода этого датчика аналогичен сигналам от других датчиков, применяемых в промышленной автоматике, что обеспечит возможность использования соответствующих узлов автоматики, не приспособленных к обработке случайного сигнала. Другой возможностью использования является применение вместо обычного пересчетного устройства, действующего непрерывным образом с заданным циклом измерения, что позволит наблюдать за процессом по ходу его измерения, а не лишь после окончания цикла измерения.

3. Цивровые генераторы функции

Импульсное устройство выполняющее полиномную линеаризацию функции шкалы радиоизотопных приборов, называемое цифровым генератором функции, состоит из трех схем преобразования: схемы линейного преобразования „L“, схемы экспоненциального преобразования „W“ и схемы преобразования с возведением в степень „P“, а также схемы „S“ управляющей этими преобразователями. Все эти схемы собраны из логических интегральных схем средней степени интеграции. Различные возможности соединений между преобразователями позволяют получить произвольные функции, по которым осуществляется преобразование цифрового сигнала, поступающего от измерительной головки радиоизотопного прибора. На рис. 9 представлены два примера цифровых генераторов:

а) функции логарифма степени и
б) функции логарифма экспоненты.

Само измерение проходит в два цикла: цикл счета и цикл преобразования. Схема позволяет выполнять n-ный цикл преобразования по время $n + 1$-го цикла счета.

Цикл счета инициируется импульсом S_1 и во время существования τ этого цикла на вход I_1 схемы линейного преобразования поступает N_x импульсов от измерительной головки. После цикла счета, импульс S_2' устанавливает начальные значения для схем преобразования, после чего импульс S_2 инициирует цикл преобразования. Во время существования, на вход I_3 схемы линейного преообразования подаются импульсы постоянной частоты, число которых N_{0L} подвергается преобразованию.

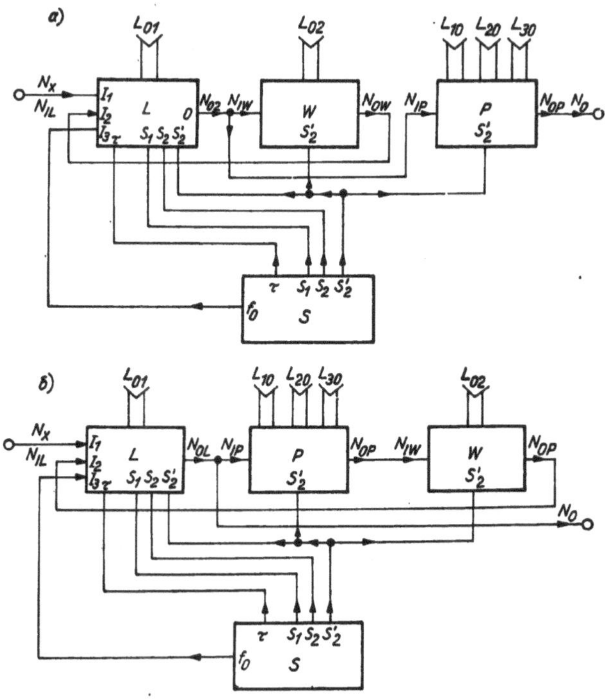

Рис. 9. Блок-схема цифрового генератора функций
а) логарифма степени; б) логарифма экспоненты

Для схем преобразования действуют следующие зависимости:

$$N_{\mathrm{IL}} = |L_{01} - N_{\mathrm{x}}| \tag{8}$$

где N_{IL} является числом импульсов, подаваемых на вход I_2 схемы линейного преобразования, а L_{01} является числом, записанным по цифровому коду,

$$N_{0\mathrm{W}} = L_{02}\left(1 - e^{-\frac{N_{\mathrm{TW}}}{L_0}}\right) \tag{9}$$

где $N_{0\mathrm{P}}$ и N_{IW} — число выходных и входных импульсов схемы экспоненциального преобразования, L_{02} — число записанное по цифровому коду, а L_0 — емкость схемы экспоненциального преобразования.

$$N_{0\mathrm{P}} = L_{10}\left(\frac{N_{\mathrm{IP}}}{L_0}\right) \pm \frac{4}{2}\left[L_{20}\left(\frac{N_{\mathrm{IP}}}{L_9}\right)^2 \pm \frac{1}{3} L_{30}\left(\frac{N_{\mathrm{IP}}}{L_0}\right)^3\right] \tag{10}$$

где $N_{0\mathrm{P}}$ и N_{IP} — числа выходных и входных импульсов схемы преобразования с возведением в степень; L_{10}, L_{20}, L_{30} — числа записанные по цифровому коду, а L_0 — емкость схемы преобразования с возведением в степень. Вышеприведенные формулы позволяют вывести следующие зависимости для цифровых генераторов изображенных на рис. 9:

$$N_0 = L_{10}\left(\ln a \pm \frac{1}{2}\left[L_{20}(\ln a)^2 \pm \frac{1}{3}(\ln a)^3\right]\right. \tag{11}$$

для цифрового генератора функции логарифма степени

$$L_0 \ln a = L_{10}\left(\frac{N_0}{L_0}\right) \pm \frac{1}{2}\left[L_{20}\left(\frac{N_0}{L_0}\right)^2 \pm \frac{1}{3} L_{30}\left(\frac{N_0}{L_0}\right)^3\right] \tag{12}$$

где

$$\ln a = \ln \frac{L_{02}}{L_{02} - |L_{01} - N_{\mathrm{x}}|} \tag{13}$$

а N_0 — число выходных импульсов из цифрового генератора функции, которое должно быть пропорциональным измеряемой величине X.

Программирование цифровых генераторов функции сводится к определению чисел L_{01}, L_{02}, L_{10}, L_{20} и L_{30} и установке этих чисел соответствующими задатчиками по цифровому коду. Значения этих чисел можно подбирать экспериментально, или же вычислить по измерениям „f_n" в функции „X_n". Зависимость „f_n" от „x_n" следует выразить в виде аппроксимирующей функций, имеющей вид, соответствующий функции цифрового генератора. Итак, для генератора функции логарифма степени, аппроксимирующую функцию следует преставить в виде:

$$X = \alpha \ln b + \alpha_2(\ln b)^2 + \alpha_3(\ln b^3) \tag{14}$$

а для генератора функции логарифма экспоненты, в виде:

$$\ln b = \beta_1 X + \beta_2 x^2 + \beta_3 x_3 \tag{15}$$

где

$$b = \frac{f_0 - f_\infty}{f - f_\infty} \tag{16}$$

причем f_0 является средней частотой импульсов для $x = 0$, а f_∞ — средней частотой для $x = \infty$.
Коэффициенты α_i или β_i рассчитываются методами, изложенными детально в литературе [15—17]. Располагая значениями f_i и f_∞ можно определить значения чисел L_{01} и L_{02}, а по значениям коэффициентов α_i или β_i можно определить числа L_{10}, L_{20} и L_{30}.

Рассмотренные выше цифровые схемы генераторов функции не являются единственными решениями, однако они наиболее типичны для большинства радиоизотопных измерительных приборов и позволяют получить очень точную линеаризацию. За счет уменьшения точности линеаризации можно проектировать из схем линейного преобразования и преобразования с возведением в степень цифровой генератор функции возведения в степень, а из схем линейного и экспоненциалного преобразования, цифровой генератор логарифмических функций.

Поступила в редакцию 10/X, 1980г.

Литература

[1] *H. de Ward*, Nucleonics 13, No 7 (1955) 36
[2] *K. W. Marlow*, Nucl. Instr. and Meth. 15 (1962) 188
[3] *M. Nakamura, R. L. La Pierre*, Nucl. Instr. and Meth. 32 (1965) 277
[4] *J. Grinberg, B. Sabbah, M. Schuster*, Nucl. Instr. and Meth. 82 (1970) 278
[5] *T. Friese*, Proceedings 1st Ispra Nucl. Electronics Symp. 1969, EUR 4289, p. 221
[6] *B. Machaj*, Nucl. Instr. and Meth. 118 (1974) 231
[7] *A. Chalupka, H. Kratschmar, S. Tagesen*, Proceedings 2nd Ispra Nucl. Electronics Symp. 1975, EUR 5370, p. 179
[8] *M. Nadachowski*, IBJ Raport Nr 1314/III/E/1971
[9] *K. Wolski, A. Wierzbicki*, IFTJ-AGH Raport Nr INT 131/E/1978
[10] *P. J. van Gerven* et al., A New Type of Digital Filter for Data Transmission, IEEE Transactions on Communication, 1975, 222
[11] *S. Zohar*, The Counting Recursive Digital Filter, IEEE Transactions on Computers, 1973, 328
[12] *Л. М. Гольден7ерг, Ю. П. Левчук, М. Н. Поляк*, Цифровые фильтры, Связь, Москва 1974
[13] *P. Misiurewicz, M. Grzybek*, Półprzewodnikowe układy logiczne, WNT Warszawa 1975
[14] *A. Papoulis*, Propability, random variables, and stochastic processes, Mc Graw-Hill, New York 1965
[15] *W. Volk*, Applied Statistics for Engineers, Mc Graw-Hill, New York 1958
[16] *W. Oktaba*, Elementy statystyki matematycznej i metodyka doświadczalna, WNT Warszawa 1966
[17] *J. E. Freund*, Modern Elementary Statistics, Prentice Hall, New York 1967

Kurze Originalmitteilungen

Factors Affecting the Labelling of Diiodofluorescein in Organic Medium

M. Raieh, S. El-Bayoumy, A. Abd El-Mothy

(Atomic Energy Authority, Nuclear Chemistry Department, Cairo, Egypt)[1]

Keywords

fluorescein; iodine 131; labelling; organic iodine compounds; synthesis

Introduction

Diiodo-^{131}I-fluorescein (D*IF) has been used for the detection of brain and ovarian tumors [1, 2].

Methods for the preparation of D*IF are based either on synthesis or on exchange reactions. Radiochemical yields up to 60—80% have been reported [2—4]. An intensive discussion of the formation of radioactive DIF by exchange with radioiodine is found in [5]. Some modifications were suggested in the preparation of D*IF by exchange which have been found to give better yields [4].

In order to deduct the optimum conditions for maximum yield we have investigated the factors which influence the rate of the exchange reactions such as pH, temperature, effect of medium and effect of heterogeneous catalyst on the labelling yield.

Experimental

Materials

Diiodofluorescein was obtained from BDH. Carrier-free ^{131}I as Na^{131}I obtained locally was used for the preparation of Na^{131}I stock solution in absolute ethanol. This solution was prepared by transferring about 4 m CiNa^{131}I into a small beaker and neutralized by few drops of dilute HCl. Small amounts of carrier-free NaI and $Na_2S_2O_3$ were added

[1]) Address: Atomic Energy Post Office, Cairo-Egypt

so that the final solution will be 1×10^{-5} M. This solution was evaporated to dryness on a water bath and then dissolved in absolute ethanol.

The glass powder used in this study as a catalyst was prepared by gringing neutral glass penicillin vials into two fractions with particle size 3×10^{-2} cm (I) and 1×10^{-2} cm (II) which are separated by sieving. The surface area of 1 gm of (I) is 75 cm²/gm and of 1 gm of (II) is 210 cm²/gm. The glass powder was boiled for several hours in a solvent identical with that which was used for the exchange reaction.

Labelling Technique

About 100 mg DIF in 10 ml ethanol were introduced in a small round flask (25 ml) with a stoppered side opening. A condenser is fitted on the round flask and the whole apparatus was immersed in a water bath thermostatically controlled. The mixture was well stirred and heated to the desired temperature for 15 minutes, then $Na^{131}I$ solution was added at that moment, the reaction time was considered to be zero. At different time intervals, samples were withdrawn from the reaction mixture and placed on the starting line of *Whatmann* No. 3 MM. Descending paper chromatography was performed using ethanol: ammonia: water in a ratio of 25 :5 :75 as a solvent ; where two radiocomponents were observed, one of $R_f = 0.27 - 0.31$ (D*IF) while the other of $R_f = 0.8$ (radioiodide).

The degree of exchange F was calculated from the relation;

$$F\% = \frac{\text{activity in radio-Diiodofluorescein}}{\text{total activity}} \times 100$$

Results and Discussion

The factors affecting the rate of labelling of DIF namely the medium, temperature, pH, presence of carrier and heterogeneous catalyst are investigated experimentally.

1. *Effect of Medium*

Dissolving about 100 mg DIF in 10 ml of each media; absolute ethanol, ethanol 96%, tertiary butanol and carbon tetrachloride and determining the yield of labelling at different time intervals while the temperature of the water bath was kept constant at 75 °C. The results obtained are illustrated in Fig. 1, from which it was found experimentally that ethanol 96% is the best medium for the exchange reaction. One can conclude that the presence of 4% H_2O in ethanol enhanced the labelling rate.

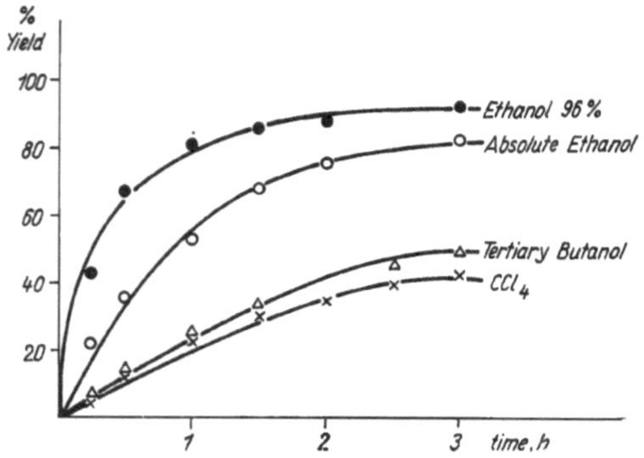

Fig. 1. The variation of percent yield of diiodofluorescein labelled with time using different media, at 75 °C

2. *Effect of Temperature*

Carrying the labelling experiment at different time intervals while varying the temperature of the reaction mixture of each experiment. The results obtained are shown in Fig. 2, from which one can conclude that the exchange reaction was favoured by increase of temperature such as to attain optimum yield without destruction of the organic molecule or its degradation to the lower iodinated halogenated compound. Thermal agitation excites the weak C-I bond (56 kcal/mole) which leads to exchange with the positive ^{131}I atom at the boiling temperature of the medium.

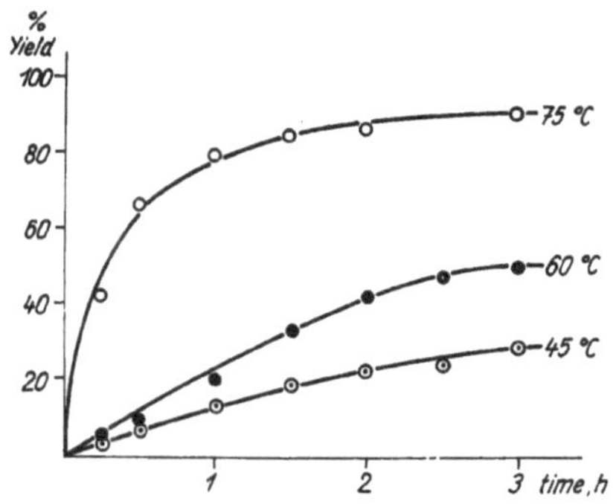

Fig. 2. Effect of temperature on the labelling yield of diiodofluorescein in presence of ethanol (96 %)

3. *Effect of pH of the Medium*

Repeating the labelling experiment at fixed temperature 75 °C using different pH values (with NaOH and HCl). The yield for each pH was calculated after 2 hours of the exchange process. The results of these experiments are given in Fig. 3, from which it is clear that the yield of labelling DIF was found to decrease as the pH increased. These low yields have been explained as being due to the decrease in the free iodine as the pH increased. This means that, at high temperature and basicity of the solution decomposes $HO^{131}I$ necessary for exchange to iodide and iodate. Similarly I_2 undergoes hydrolysis, and gradually disappears as it transformed into iodide and more iodate;

$$5\,HOI + OH^- \rightarrow 2\,I_2 + IO_3^- + 3\,H_2O$$

$$2\,I_2 + 2\,OH^- \rightarrow 2\,HOI + 2I^-$$

$$3\,HOI + 3\,OH^- \rightarrow 2\,I^- + IO_3^- + 3\,H_2O$$

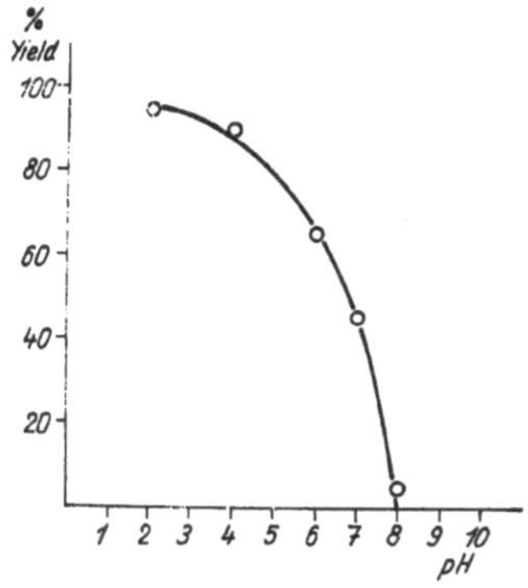

Fig. 3. Effect of the pH on the labelling yield of diiodofluorescein at 75 °C for 2 hours

4. *Effect of Carrier*

The dependence of the exchange rate on inactive NaI concentration was studied and a plot of $\log(1 - F)$ against time at different NaI concentrations has shown in

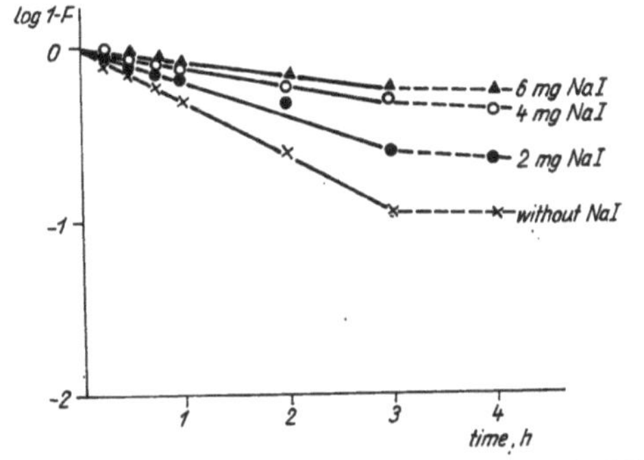

Fig. 4. Variation of log $1-F$ as a function of time at different NaI concentrations

Fig. 4. It is clear that the yield of exchange was maximum when no carrier was used and decreased by addition of carrier as shown in the Figure due to the dilution factor, and fast equilibrium between similar species. Thus for obtaining good yields one must be sure of the absence of carrier in the exchange medium and the radioiodine used must be carrier-free of high specific activity.

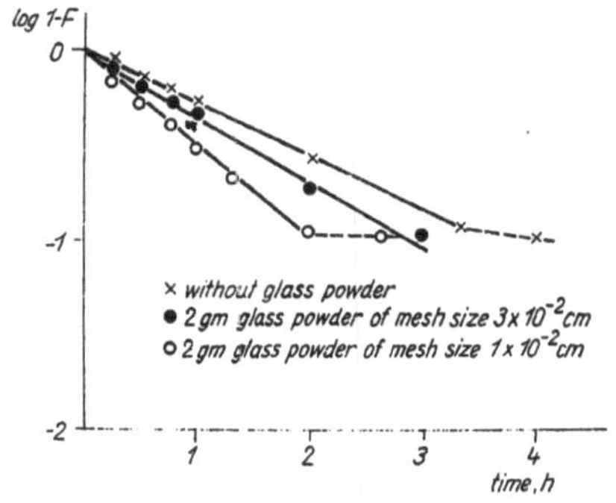

Fig. 5. Effect of mesh size of the glass on the variation of log $1-F$ with time

5. *Effect of Heterogeneous Catalysis*

Studying the yield of exchange in presence of different amounts of glass powder of mesh size 3×10^{-2} cm and 1×10^{-2} cm separately, it has been found that the rate of isotopic exchange was enhanced by increasing the amount of glass.

In case of using glass powder of smaller mesh size 1×10^{-2} cm, the exchange rate was increased than that when using the same weight of glass of larger mesh size. By plotting log $(1 - F)$ against time, one can conclude from this Fig. 5, that the isotopic exchange was enhanced to some extent. This means that the exchange of iodine between iodide anions and iodine in DIF is controlled by the surface area of the catalyst.

*Stability of D*IF during Storage*

The product was stored in dark glass vials for 15 days at 25 °C, it was found that the maximum decomposition percent is 5%. By the addition of few drops of 1% benzyl alcohol to the product during the storage the percentage of free iodide-131 decreased to 2%.

Received December 10, 1980

References

[1] *C. Chiotan* et al., Rev. Chim. (Bucharest) **14** (1963) 3, 73; *G. E. Moore*, Science **106** (1947) 130; *G. E. Moore*, Science **107** (1948) 569; *G. E. Moore*, Diagnosis and Localisation of Brain Tumors, Charles C. Thomas, Springfield, Illinois 1953

[2] *G. Paroli, A. Zacutti* et al., Minerva Nulc. **7** (April 1963) 135

[3] *V. P. Kaltigina, V. P. Tichkof*. Methods of Production and Measurement of Radioactive Preparations, Russian Bock (1960) 188

[4] *E. Hallaba, E. Abdullah*, Int. J. appl. Radiat. Isotopes **17** (1966) 425

[5] *J. Ralkova*, Proceedings of the Second International Conference on the Peaceful Uses of Atomic Energy, Geneva, Vol. 20 (1958) 142, United Nations, New York

Aus der Praxis

Die Markierung von Paraffin zur Bestimmung des Präparationsmittelauftrages bei Fäden

Keywords

labelling; lanthanum 140; paraffin; rare earth complexes; textiles; threads; tracer techniques

Aus der Praxis der Wirkerei und Strickerei ist die verbessernde Wirkung der Paraffinierung von Garnen auf deren Laufeigenschaften bei der Verarbeitung und den Warenausfall seit langem bekannt. Es ist in vielen Fällen unmöglich, Garne ohne Paraffinierung in der Wirkerei und Strickerei wirtschaftlich zu verarbeiten. Es kommt zu erhöhten Fadenbrüchen, Lochbildungen oder Beschädigungen der Nadel. Durch das aufgetragene Paraffin entsteht an den Fadenumlenkstellen durch Absetzen von Paraffinteilchen ein Schmierfilm, der den Reibungskoeffizienten des Fadens herabsetzt und eine einwandfreie Verarbeitung sichert.

Zur wissenschaftlichen Durchdringung der Paraffinierungsvorgänge ist die Bestimmung der Paraffinmenge und der Gleichmäßigkeit des Paraffinauftrages auf dem Garn erforderlich. Auf Grund der geringen Paraffinmengen von etwa 0,1 bis 1 g Paraffin pro 10^4 m Fadenlänge sind die klassischen Methoden hierzu nur wenig geeignet. Sie bestehen im wesentlichen in der Bestimmung des Gewichtsverlustes des Paraffinringes nach Durchlaufen einer größeren Fadenlänge sowie in dem Zusatz von Farbstoffen bzw. fluoreszierenden Verbindungen zum Paraffin und anschließender kolorimetrischer Auswertung.

Die dargestellte Aufgabe läßt den Einsatz radiometrischer Bestimmungsmethoden als aussichtsreich erscheinen. In der Literatur wird die Markierung des Paraffins mit ^{60}Co-Phthalocyanin [1], $^{121}/^{124}$Sb-Triphenylstibin [2] und ^{46}Sc-Acetylacetonat [3] beschrieben. Ein besonderes Problem ist hierbei die homogene Verteilung des Tracers im Paraffin. Weiterhin darf durch den Zusatz der Markierungssubstanz keine wesentliche Beeinflussung der physikalischen Parameter — wie Härte und Erweichungspunkt — des Paraffins erfolgen.

Bei den von uns durchgeführten Untersuchungen verwendeten wir als Markierungssubstanzen Komplexverbindungen von Seltenerdelementen mit Didodecylphosphat. Didodecylphosphat liegt, wie alle Dialkylphosphorsäuren, sowohl in Substanz als auch in unpolaren Lösungsmitteln unter Ausbildung von Wasserstoffbrücken dimer vor [4] und kann in Lösung als flüssiger Ionenaustauscher dienen. Auch aus schwach mineralsauren Lösungen extrahiert es Seltenerd-Ionen mit hohen Verteilungsverhältnissen, wobei sich Komplexe bilden, in denen jedes Metallatom von drei dimeren Molekülen des Komplexbildners umgeben ist [5]:

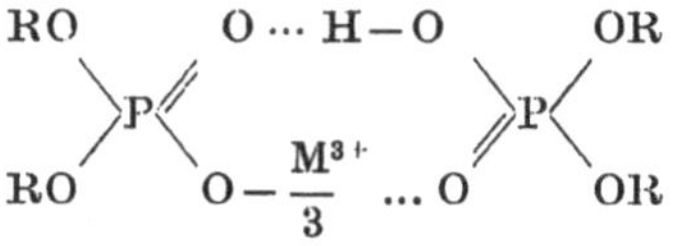

($R = C_{12}H_{25}$)

Somit enthält der neutrale Chelatkomplex insgesamt 12 Dodecylreste.

Daraus ist ersichtlich, daß eine gute Löslichkeit des Komplexes in Paraffin erreicht wird, wobei die physikalischen Parameter des Paraffins nur unwesentlich verändert werden. An Paraffinproben, die 5% des Lanthankomplexes bzw. des Komplexbildners enthielten, konnten keine wesentlichen Veränderungen im Schmelz- und Erstarrungsverhalten sowie in der Härte festgestellt werden.

Für die Untersuchungen an einer Modellvorrichtung im Laboratorium, bei der der laufende Faden an einen rotierenden Paraffinring angepreßt wird, eignete sich ^{46}Sc als Tracernuklid gut. Auf Grund seiner relativ langen Halbwertszeit von 84 Tagen können mit einem markierten Paraffinring über einen längeren Zeitraum Untersuchungen durchgeführt werden. Die Emission von 2β-Quanten mit den Energien 0,89 und 1,12 MeV ermöglicht eine Aktivitätsmessung von Garnproben im Bohrlochszintillator mit hoher Effektivität. Für die Anwendung der Autoradiographie zur Untersuchung der Verteilung des Paraffins auf den Fäden ist die β-Strahlung des ^{46}Sc mit ihrer Maximalenergie von 0,36 MeV geeignet.

Für die Anwendung an Textilmaschinen unter Produktionsbedingungen erscheint die Halbwertszeit des ^{46}Sc als zu lang, da hierbei durch an den Maschinenteilen abgelagertes Paraffin und durch das Verstäuben von Fasern eine Kontamination der Maschine sowie der Umgebung nicht mit Sicherheit auszuschließen ist. Wir verwendeten daher für diese Versuche ^{140}La als Tracer, dessen kurze Halbwertszeit von 40,2 h besser geeignet erschien. Das ^{140}La wurde unmittelbar vor seiner Verwendung von seinem Mutternuklid ^{140}Ba abgetrennt. Hierzu wurde das ^{140}Ba an einem Kationenaustauscher sorbiert und das ^{140}La mit einer 0,5 M Ammonium-α-hydroxyisobutyrat-Lösung mit $pH = 4{,}8$ eluiert. Durch die Verwendung einer sehr kleinen Austauschersäule von 2 mm Durchmesser gelingt es, das ^{140}La in wenigen Tropfen konzentriert zu eluieren.

Einige orientierende Versuche wurden auch mit ^{172}Lu durchgeführt, das als Generatornuklid aus ^{172}Hf ($T_{1/2} = 1{,}87$ a) gewonnen werden kann. Das ^{172}Hf erhielten wir vom VIK Dubna, wo es als Spallationsprodukt bei Bestrahlungen am Synchrozyklotron anfällt. Die Halbwertszeit des ^{172}Lu beträgt 6,7 d. Es emittiert u. a. γ-Quanten einer Energie von 1094, 901 und 181 keV.

Zur Herstellung des markierten Paraffins wird zunächst der Komplexbildner in 2 g geschmolzenem Paraffin gelöst. Hiermit kann das Radionuklid aus 0,05 M mineralsauren wäßrigen Lösungen bei 70 °C extrahiert werden. Nach der Abkühlung läßt sich die wäßrige Phase vom erstarrten Paraffin abtrennen. Dieses wird mit Wasser gewaschen und durch Zumischen von weiterem Paraffin bei 70 °C auf die erforderliche Tracerkonzentration von etwa 10 MBq pro Gramm Paraffin eingestellt. Aus dem so markierten Paraffin lassen sich die erforderlichen zylindrischen Ringe gießen. Mit derartig radioaktiv markiertem Paraffin lassen sich bei Messung von Garnproben einer Länge von 5 cm noch Präparationsmittelauftragungen von 5×10^{-7} erfassen. Durch Anwendung der Autoradiographie läßt sich außerdem die Verteilung des Paraffins längs des Fadens nachweisen. Dabei zeigt sich, daß das Paraffin in Form kleiner Partikel auf das Garn übertragen wird (Abb. 1). Der Vergleich mit lichtmikroskopischen Aufnahmen ergibt, daß eine besonders starke Ablagerung an Garnverdickungen erfolgt. Abb. 2 zeigt die lichtmikroskopische Aufnahme des in Abb. 1 gekennzeichneten Garnabschnittes. Wie Tab. 1 zeigt, ist der durchschnittliche Paraffinauftrag von der Garnart und in hohem Maße von der Anpreßkraft abhängig.

Abb. 1. Autoradiographie eines paraffinierten Baumwollgarnes
Tracer: ^{46}Sc-Didodecylphosphat; Röntgenfilm TF 13; Expositionszeit 7 Tage

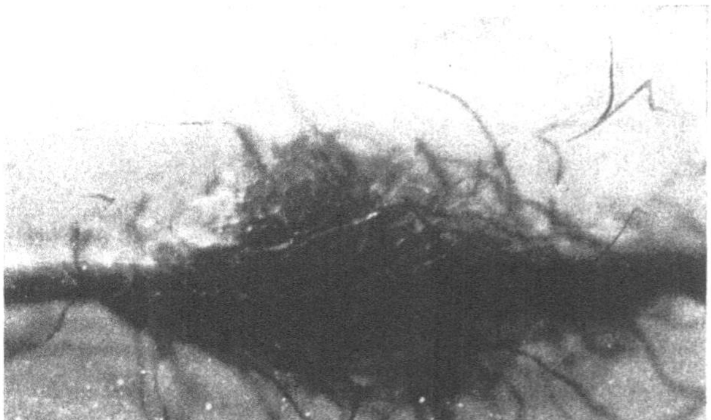

Abb. 2. Lichtmikroskopische Aufnahme des in Abb. 1 gekennzeichneten Garnabschnittes
Vergrößerung 1:20

Neben den radioaktiv markierten Paraffinringen kamen auch solche zur Anwendung, die den inaktiven La-Komplex enthielten. Von den damit präparierten Garnen wurden Probenstücke von 1 bis 3 m Länge doppelt in Polyäthylenfolie eingeschweißt und im Reaktor 1 h bei einer Neutronenflußdichte von $2 \times 10^{13}\ s^{-1} \cdot cm^{-2}$ aktiviert.

Die Verwendung von inaktivem Lanthankomplex mit aktivierungsanalytischer Lanthanbestimmung an den paraffinierten Garnproben bringt zwar Vorteile bei der

Tab. 1. Durchschnittlicher Paraffinauftrag in g pro 10^4 m bei unterschiedlicher Anpreßkraft

	Anpreßkraft	
	8,9 cN	74 cN
Baumwolle	0,41	10,2
Polyacrylnitril	0,72	20,3
Wolle	2,41	12,9

Paraffinierung der Garne im Betrieb, da keine Strahlenschutzmaßnahmen erforderlich sind, insgesamt ergeben sich jedoch schwerwiegende Nachteile durch die Aktivierung von Fremdnukliden. Insbesondere übersteigt die entstehende Aktivität an ^{24}Na um Größenordnungen die des ^{140}La, so daß eine Abklingzeit von etwa 1 Woche vor der Messung der Proben eingehalten werden muß. Die Anwendung radioaktiv markierter Paraffinringe ist deshalb günstiger.

Die Untersuchungen haben gezeigt, daß Didodecylphosphatkomplexe der Seltenen Erden gute Möglichkeiten für eine Markierung des Paraffins bieten.

S. Riedel, E. Herrmann, J. Schäfer
TU Dresden
8027 Dresden, Mommsenstr. 13
Eingegangen am 7. 1. 1981

Literatur

[1] *J. Lünenschloß, B. G. Schuler, H. Vogg,* Textilpraxis 28 (1973) 76
[2] *S. C. Ellis, D. B. Rees-Evans,* J. Text. Inst. 53 (1962) 340
[3] *F. Rochas, C. Gavet,* Melliand Textilber. 49 (1968) 1123
[4] *D. F. Peppard, I. R. Ferraro, G. W. Mason,* J. inorg. nucl. Chem. 4 (1957) 371; ebenda 7 (1958) 231
[5] *D. F. Peppard, G. W. Mason, W. I. Driscoll u. R. I. Sironen,* J. inorg. nucl. Chem. 7 (1958) 276

Tagungsbericht

Bericht über die 13. Winterschule „Strahlenschutzphysik" vom 2. bis 6. März 1981 in Gaußig

Die vom Wissenschaftsbereich Strahlenschutzphysik der TU Dresden veranstaltete 13. Winterschule „Strahlenschutzphysik" fand vom 2. bis 6. März 1981 in Gaußig statt. Die Teilnehmer kamen aus der ČSSR, der UVR und aus 13 Institutionen der DDR.

In 38 Vorträgen (Übersichtsvorträge, Forschungsberichte) wurde ein interessantes und niveauvolles Programm geboten, das in fünf Themenkomplexe gegliedert war.

Einleitend wurden allgemeine Fragen der Meßtechnik ionisierender Strahlung und des Strahlenschutzes behandelt. *B. Dörschel* (gemeinsam mit *V. Schuricht*) ging im ersten Teil des Vortrages „Größen zur Charakterisierung von Dosimetern" auf den Zusammenhang zwischen dem Meßeffekt und der biologischen Schädigung ein. Im zweiten Teil des Vortrages sprach *K.-H. Weber* über Probleme bei der Kalibrierung von Dosimetern sowie über den Einfluß von Fehlern bei der Dosisbestimmung.

„Ein adaptives Verfahren zur Herabsetzung der dynamischen Fehler von Meßgeräten bei störenden Meßwertschwankungen" stellte *G. Schubert* anhand der Meßzeiteinstellung von Flächenmassemeßgeräten dar. *S. Przyborowski* erläuterte „Die verschiedenen begrifflichen Aspekte des Dosiscommitment" anhand neu eingeführter Dosisgrößen.

Eine große Anzahl von Vorträgen war verschiedenen Problemen der Strahlenschutzmeßtechnik gewidmet. Die Thematik Neutronendosimetrie wurde mit dem Vortrag „Optimierung eines Routinepersonendosimeters auf der Basis von Festkörperspurdetektoren" (*A. Rimpler, W. Kraus, R. Lorenz*) eröffnet, in dem Untersuchungsergebnisse zum Einfluß der Spaltradiatorzusammensetzung, der Auswertung mit dem Funkenzähler u. a. auf die Kalibrierung mitgeteilt wurden. Verschiedene Probleme bei der „Auswertung eines speziellen Neutronen-Havariedosimeters auf der Grundlage organischer Festkörperspurdetektoren mittels Lichttransmissionsmessung" sowie bei der Kalibrierung in verschiedenen Neutronenfeldern legte *A. Grüllich* dar. Dem Nachweis von Neutronenbestrahlung mit Thermolumineszenzdetektoren waren die Vorträge „Berechnung der Empfindlichkeit von TLD für Neutronenstrahlung" (*J. Henniger, K. Hübner, G. Pretzsch*), „Ein homogenes TL-Dosimeter zur direkten Anzeige der biologischen Dosis in gemischten Neutronen-Gammafeldern" (*J. Fellinger, J. Henniger, K. Hübner*) und „Neutronendosimetrie mit TLD" (*R. Giessing*) gewidmet. Eine einfache Methode zur Flußdichtebestimmung stellten *A. Hrabovcová* und *D. Nikodemová* in der Arbeit „Spektrometrie intermediärer Neutronen mit Resonanzsonden" vor. *D. Nikodemová* (gemeinsam mit *H. Grziaková* und *H. Hrabovcová*) referierte über „Die Absolutmessung der Flußdichte thermischer Neutronen" im Hohlraum einer Moderatoranordnung mit Am-Be-Quellen. Weiter folgten Vorträge über Festkörperspurdetektoren. *G. Pretzsch* erläuterte die einzelnen Schritte bei der „Theoretischen Ermittlung der Nachweiseffektivität organischer Festkörperspurdetektoren gegenüber Neutronenstrahlung" von der Erzeugung schwerer geladener Teilchen über die Bildung ätzbarer latenter Spuren und die Entstehung von Ätzgruben bis zur Auswertung der Detektoren. *G. Streubel* ging näher auf einige Auswerteverfahren in seinen Vorträgen „Anwendung eines Funkenzählers für die Auswertung von organischen Festkörperspurdetektoren zur Bestimmung hoher Neutronenfluenzen" und „Auswertung elektrochemisch geätzter neutronenbestrahlter Festkörperspurdetektoren mittels Lichttransmission" (gemeinsam mit *T. Uhlig*) ein. Zur Thematik HgJ_2-Detektoren hielt *P. Klinger* einleitend einen Vortrag über „Entwicklungsstand und Anwendungsmöglichkeiten von HgJ_2- und CdTe-Halbleiterdetektoren". „Die Untersuchung von Meßeffekten zur Bestimmung und Interpretation von Haftstellenanalysen an HgJ_2-Detektoren" erläuterte *U. Braatz* anhand von Strom-Spannungs-Kennlinien. Der Untersuchung der Kristallreinheit und der Züchtung von HgJ_2-Kristallen waren die Vorträge „Aktivierungsanalytische Bestimmung von Verunreinigungen in HgJ_2-Material zur Herstellung von Halbleiterdetektoren" (*K. Prokert*) und „Kristallographische und analytische Untersuchungen an HgJ_2" (*K. Müller, K. Prokert*) gewidmet. Weitere Vorträge befaßten sich mit neuen Nachweisverfahren. *B. Dörschel* und *G. Hahn* stellten „Neue Festkörperverfahren für den Neutronennachweis und mögliche Anwendungen in der Dosimetrie“ vor, wobei auf verschiedene mechanische, thermische und elektrische Effekte näher eingegangen wurde. *H. Frank* referierte „Über die Möglichkeit einer Erhöhung der Empfindlichkeit von Neutronendetektoren auf Si-Basis“ durch optimale Gestaltung der Detektorparameter sowie die Berücksichtigung äußerer Einflüsse. Die „Ausnutzung organischer Materialien in der Lyolumineszenz-Dosimetrie“ erläuterte *A. Daricková* anhand experimenteller Ergebnisse. *J. Henniger* (gemeinsam mit *B. Horlbeck*, *K. Hübner*, *K. Prokert*) berichtete über die Verwendung von CaF_2-Leuchtstoff für die Dosimetrie in Neutronen-Gamma-Strahlungsfeldern mit Hilfe der optisch stimulierten Lumineszenz. Daran schlossen sich Vorträge zur Aktivitätsbestimmung an. Dem Nachweis von Radionukliden in der Luft waren die Vorträge „Voraussetzungen für eine rechnergestützte Auswertung von Luftaktivitätskontrollen am Arbeitsplatz“ (*V. Ringel*), „Gammaspektrometrische Meßverfahren zum Nachweis radioaktiver Edelgase in der Abluft von KKW“ (*D. Obrikat*) und „Nuklididentifizierung und Aktivitätsberechnung von Gamma-Proben in der Umgebungsüberwachung mit Hilfe eines Tischrechners“ (*P. Sahre, B. Knobus, J. Fietz*) gewidmet. *I. Schäfer* berichtete über den „Nachweis α- und β-strahlender Nuklide zur Inkorporationskontrolle“ durch Ausscheidungsanalyse. Die Bestimmung der Strahlenbelastung mit TL-Detektoren wurde in den Vorträgen „Interpretation von Meßwerten dicker TL-Dosimeter zur Bestimmung von Handbelastungen“ (*P. Sahre, W. Roßbander*) und „Der Einfluß der Energieabhängigkeit eines TL-Detektors auf die Meßgenauigkeit im Bereich röntgendiagnostischer Energien“ (*G. Rosenkranz*) behandelt. Über die verschiedenen Überwachungsmethoden informierte *L. Ackermann* in seinem Vortrag „Stand und Tendenzen der Entwicklung stationärer dosimetrischer Meßsysteme in KKW“. Ein weiterer Themenkomplex war Abschirmungsuntersuchungen gewidmet. Einen Überblick über das Gebiet der Abschirmungsberechnungen gab *W. Gerullis* in seinem Vortrag „Einsatz ingenieurtechnischer Abschirmmodelle in der Projektierung-Fehlermöglichkeiten und Anwendungstendenzen“. Mit der „Bestimmung von Strahlungsfeldern hinter Abschirmungen in KKW befaßten sich die Vorträge „Zählrohrmessungen im KKW-Strahlungsfeld“ (*F. Gühne*), „Der Einfluß von Rohrdurchführungen in Abschirmwänden auf das Strahlungsfeld in Kernkraftwerken“ (*J. Hilsberg*) und Bestimmung der Homogenität von Beton im KKW Nord 2 aus Abschirmmessungen“ (*U. Michaelis*). „Aspekte zur Berechnung des Strahlungsfeldes aktivierter Reaktorkomponenten im Zusammenhang mit der Stillegung von KKW“ erläuterte *I. Rumpf*. Einen Überblick über die zukünftigen „Strahlenschutzprobleme beim Betrieb von Fusions-Reaktoren“ gab *G. Hahn*. Der letzte Themenkomplex galt der Erzeugung und Anwendung von Schwerionen. In seinem Übersichtsvortrag „Schwerionenerzeugung, -messung und -anwendung“ charakterisierte *K. Hübner* leistungsfähige Beschleuniger, Detektoren für den Nachweis von Schwerionen und Anwendungsmöglichkeiten auf verschiedenen Gebieten von Wissenschaft, Technik und Medizin. Mit der Messung verschiedener Schwerionen-Parameter befaßten sich die Vorträge „Experimentelle Bestimmung von Schwerionen-Reichweiten in Polycarbonat, Cellulosenitrat und Celluloseacetat“ (*M. El-Adl, K. Hübner, K. Eichhorn*) und „Zur Energiebestimmung beschleunigter Ionen für die Durchführung strahlenbiologischer Experimente“ (*K. Eichhorn*).

Die 14. Winterschule „Strahlenschutzphysik“ wird voraussichtlich im März 1982 wieder in Gaußig stattfinden.

G. Pretzsch
Eingegangen am 6. 5. 1981

Informationen

IAEA. Die Internationale Atomenergie-Agentur (IAEA) führt 1981/82 in ihrem Laboratorium Seibersdorf wieder eine Eichaktion für die quantitative Analyse von Radionukliden und stabilen Isotopen durch. Der Qualitätskontrolldienst der IAEA für 1981/82 umfaßt den Versand von Eichproben folgender Kategorien:

- zertifizierte Eichproben und Referenzproben für die Nukleartechnik und die Isotopenhydrologie einschließlich Eichproben für die Massenspektrometrie;
- Eichproben bekannter Zusammensetzung (Uran, Transurane und Spaltprodukte) für die Umgebungsüberwachung und Sicherheitskontrolle;
- Eichproben für die Anwendung stabiler Isotoqe in der Umweltforschung oder Biomedizin, beispielsweise für die Eichung von Neutronenaktivierungs-Analysenanlagen.

OECD. Im Jahre 1980 erfolgten unter Kontrolle der Kernenergie-Agentur (NEA) der OECD zwei Versenkungsaktionen von radioaktiven Rückständen ins Meer: Im Juni/Juli 1980 wurden von Belgien, den Niederlanden und der Schweiz insgesamt 5700 t schwachaktive Rückstände (61,7 Ci Alphastrahler; 2,2 Ci ^{226}Ra; 17182 Ci Beta- und Gammastrahler außer Tritium und 57966 Ci Tritium) und im Juli 1980 Großbritannien 2800 t schwachaktive Rückstände (1791 Ci Alpha-, 65910 Ci Beta-/Gammastrahler und 40169 Ci Tritium) in der Iberischen Tiefsee versenkt.

V. Antonyak, L. Gonsyorovsky, E. Yaschuk, T. Kvasnevsky

New Algorithms and Pulse-Processing Units in Radioisotope Instruments (*in Russian*)

Isotopenpraxis **17** (1981) No. 10, p. 367 to 371
9 Fig., – Tab., 17 Ref.

In the following paper authors describe three new algorithms and electronic circuits built to realize them.
Paper consists of three parts. In the first of them is described automatic gain stabilisation circuit for scintillation counters. A signal obtaine das a difference of two pulse trains from amplitude discriminators is used for photomultiplier high voltage control.
The second one is a real time digital filter for random pulse train. The variance of pulse train passed through the filter is decreasing. The block diagram, principle of operation and basic features of the filter are listed.
The third one is digital circuit for polynomial linearization of scale function in radioisotopic instruments. The block diagram of the digital circuit operating on the pulse train, the principle of operation and method of programming are described.

В, Антоняк, Л. Гонсёровски, Е. Ящук, Т. Квасневски

Новые алгоритмы и цепи обработки импульсных сигналов в радиозотопных приборах (*на русск. язык*)

Isotopenpraxis **17** (1981) вып. 10, стр. 367 до 371
9 рис., – табл., 17 лит.

Описаны три новых алгоритма и новые электронные блоки предназначенные для их реализации.
Статья состоит из трех частей. В первой части описаны блоки стабилизации усиления импульсного радиометрического тракта со сцинтилляционным детектором. Представленные стабилизаторы усиления регулируют высокие напряжения фотоумножителя в соответствии с сигналами, образованными разностью частоты двух последовательностей импульсов из двух амплитудных дискриминаторов.
Во второй части описан цифровой фильтр случайной последовательности импульсов, действующий в реальном масштабе времени. Дисперсия частоты последовательности импульсов, проходящей через фильтр, получается уменьшеной. Изложена принципиальная схема фильтра, принцип действия и описаны его основные свойства.
В третьей части описаны импульсные устройства, позволяющие осуществить полиномную линеаризацию функции шкалы радиоизотопных приборов. Изложена принципиальная схема линеаризатора, принцип работы и метод программирования.

Letters to the Editor

M. Raieh, S. El-Bayoumy, A. Abd El-Mohty

Factors Affecting the Labelling of Diiodofluorescein in Organic Medium (*in English*)

Isotopenpraxis **17** (1981) No. 10, p. 371 to 373
5 Fig., – Tab., 5 Ref.

Письма в редакцию

М. Райе, С. Эль-Байуми, А. Абд Эль-Мохти

Факторы, влияющие на процесс мечения дийодфлуоресцина в органической среде (*на англ. языке*)

Isotopenpraxis **17** (1981) вып. 10, стр. 371 до 373
5 рис., – табл., 5 лит.

From Practice

S. Riedel, E. Herrmann, J. Schaefer

Labelling Paraffin for the Determination of Textile Thread Coating

Isotopenpraxis **17** (1981) No. 10, p. 373 to 375
2 Fig., 1 Tab., 5 Ref.

Из практики

С. Ридель, Э. Херрманн, И. Шефер

Мечение парафина для определения покрытия текстильных ниток

Isotopenpraxis **17** (1981) вып. 10, стр. 373 до 375
2 рис., 1 табл., 5 лит.

Meetings

Isotopenpraxis **17** (1981) No. 10, p. 375 to 376

Совещания

Isotopenpraxis **17** (1981) вып. 10, стр. 375 до 376

Information

Isotopenpraxis **17** (1981) No. 10, p. 376

Новости

Isotopenpraxis **17** (1981) вып. 10, стр. 376

Contents of this Issue

Articles

Letters to the Editor

From Practice

FSC
www.fsc.org
MIX
Papier | Fördert
gute Waldnutzung
FSC® C083411

Kolibri 360 GmbH
Ferdinand-Jühlke-Straße 7
99095 Erfurt, Deutschland
produktsicherheit@kolibri360.de